折射集
prisma

照亮存在之遮蔽

由南京大学郑钢基金资助出版

Michael Polanyi

Science, Faith and Society

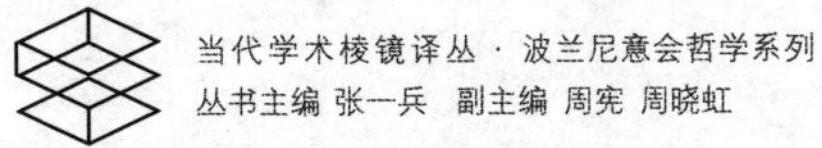

科学、信仰与社会

[英] 迈克尔·波兰尼 著 王靖华 译

南京大学出版社

《当代学术棱镜译丛》总序

自晚清曾文正创制造局，开译介西学著作风气以来，西学翻译蔚为大观。百多年前，梁启超奋力呼吁："国家欲自强，以多译西书为本；学子欲自立，以多读西书为功。"时至今日，此种激进吁求已不再迫切，但他所言西学著述"今之所译，直九牛之一毛耳"，却仍是事实。世纪之交，面对现代化的宏业，有选择地译介国外学术著作，更是学界和出版界不可推诿的任务。基于这一认识，我们隆重推出《当代学术棱镜译丛》，在林林总总的国外学术书中遴选有价值篇什翻译出版。

王国维直言："中西二学，盛则俱盛，衰则俱衰，风气既开，互相推助。"所言极是！今日之中国已迥异于一个世纪以前，文化间交往日趋频繁，"风气既开"无须赘言，中外学术"互相推助"更是不争的事实。当今世界，知识更新愈加迅猛，文化交往愈加深广。全球化和本土化两极互动，构成了这个时代的文化动脉。一方面，经济的全球化加速了文化上的交往互动；另一方面，文化的民族自觉日益高涨。于是，学术的本土化迫在眉睫。虽说"学问之事，本无中西"（王国维语），但"我们"与"他者"的身份及其知识政治却不容回避。但学术的本土化绝非闭关自守，不但知己，亦要知彼。这套丛书的立意正在这里。

"棱镜"本是物理学上的术语，意指复合光透过"棱镜"便分解成光谱。丛书所以取名《当代学术棱镜译丛》，意在透过所选篇什，折射出国外知识界的历史面貌和当代进展，并反映出选编者的理解和匠心，进而实现"他山之石，可以攻玉"的目标。

本丛书所选书目大抵有两个中心：其一，选目集中在国外学术界新近的发展，尽力揭橥域外学术 20 世纪 90 年代以来的最新趋向和热点问题；其二，不忘拾遗补阙，将一些重要的尚未译成中文的国外学术著述囊括其内。

众人拾柴火焰高。译介学术是一项崇高而又艰苦的事业，我们真诚地希望更多有识之士参与这项事业，使之为中国的现代化和学术本土化做出贡献。

丛书编委会

2000 年秋于南京大学

目　录

科学、信仰与社会

附　录

科学、信仰与社会

前　言　背景与展望

1938年8月，英国科学促进学会（British Association for the Advancement of Science）旗下成立了科学的社会与国际关系分会（Division for the Social and International Relations of Science），分会旨在对科学进程给予社会学意义上的指导。以此为契机，一场规划科学的运动扩散开来，并在一批热衷于公众事务的科学家中成为主流，而另一小群科学家——包括笔者本人在内——则艰难地对抗着这场运动。

该分会曾在1945年12月举办过一场讨论规划的会议，我受邀在此次会议上发表揭幕演说。在演讲中我重申了对规划潮流的批评，强调科学探寻应保持传统的独立性。令我吃惊的是，尽管我预期会听到一些与己相左的回应，但其他发言人及与会者均表示赞成科学家应自由追求科学——仅以科学本身为目的而自由追求。此后，那场规划科学的浪潮在英国日渐衰落，但其中浮现出来的一些理论问题并未就此消失——俄国十月革命对各国民众的思想产生了广泛的影响，而上述理论问题便是这普遍影响的一部分。

俄国十月革命之后，苏联国内的科学研究分裂为两个派系：一派科学家以辩证唯物主义思想为行动指南，在共产主义学院（Communist Academy）的领导下行事，该学院成立于1926年，成员仅限于党员；另一派系的科学家们则自由开展自己的研究工作，与西方科学界保持密切联系。然而，1932 年，一场突如其来的变化对这两个派系都产生了影响——苏联政府批判共产主义学院狂热的辩证投机（the wild dialectical speculations），无情地奚落他们的理论；与此同时，坚持传统思路的另一派科学家们也被迫承认辩证唯物主义的绝对权威（the supremacy of dialectical materialism）。同年创刊的《苏维埃德文物理期刊》（*German-language Physics Journal of the Soviets*）创刊辞中，我们可以找到一份迫于上述影响而发表的声明。也是在这一年，苏联最著名的生物学家瓦维洛夫（N. I. Vavilov）宣布支持“列宁格勒遗传学选择研究规划会议”宣称的科学应为满足经济需要而服务的观点，并公开谴责西方科学界在遗传学实践领域进行的理论探索。

1935 年复活节，我在莫斯科拜访了布哈林（N. I. Bukharin）。三年后布哈林在苏联共产党内即告失势甚而被处决，但此时他仍是苏联共产党内为首的理论家。他向我解释道，资本主义国家中之所以有纯理论科学（pure science）和应用科学（applied science）之分，原因就在于资本主义社会抹杀了科学家对其社会功能的自觉意识，进而在他们心中造成基础科学的幻觉。布哈林认为，将应用科学与基础科学区别开来的做法在苏联并不适用，因为在这里科学研究是一片辽阔无疆的自由领域，科学家们皆可在其中随兴驰骋。不过，正因为苏联社会内部十分和谐，科学家们自然而然地就被引领到为最近一个五年计划服务的研究战线上去。对苏联科学家来说，关于研究的总体规划只是一种对科学目标和社会目标之间内在和谐性的自觉的确证而已。

1935 年的我并未意识到，布哈林故弄玄虚向我贩卖的这种辩证法的灾难性后果会那么迅速地来临，因此还能对他的说法一笑置之。其时，李森科（T. D. Lysenko）已经开始发动对瓦维洛夫的迫害——1939 年，瓦维洛夫被实验室解职，随后被捕入狱，并于 1943 年左右死于狱中。瓦维洛夫事件在生物学家中引发了严重恐慌，苏联生物学研究的所有分支从 1939 年开始陷入瘫痪，这种情形一直持续到 1953 年斯大林死后很久。与生物学领域相比，物理学研究受到的打击略为轻微一些。

刚才，我说过苏联实施马克思主义哲学后引发的这场规划科学运动在英国并未造成严重的威胁，可是也带来了非常深刻的精神困扰，甚至连著名科学家霍格本(Lancelot Hogben)也写道：

> 一直以来，大陆人对地球的认识始终没有变化，他们认为地球是静止的，直到人们发现一旦靠近赤道，摆钟便会慢下来。惠更斯(Huyghens)的发明问世之后，地球的自转运动便成为殖民国家向其殖民地出口摆钟的必要的社会基础。

许多诸如此类的荒唐理论出现在霍格本 1938 年的著作《市民科学》(*Science for the Citizen*)中，该书发行非常广泛。对于其他大致循着类似思路完成的作品，我已在《自由的逻辑》(*The Logic of Liberty*)①一书中进行了一些评述。

相反的观点是很难有机会发言的。那些对苏联生物学家的遭遇有所知晓的人们总不愿意向人透露他们掌握的信息。1943 年，我和贝克尔(J. R. Baker)开始撰文揭露这种迫害的内幕，却被冠以反党言论的罪名并遭到排挤。与此同时，苏联组织科学研究的方式仍被看作科学管理模式之范例，为世界各国所纷纷效仿，甚至连有许多英国著名科学家参加的公开会议也支持这种模式，促成效仿之潮流。

遭遇这些事实之后，我逐渐意识到自己所捍卫的立场有其弱点。1939 年，瓦维洛夫发出了他对李森科的最后抗辩，意在博得西方科学权威的支持。阅读瓦氏此文后，我不得不承认，他实质上正求助于某种权威，并试图以此来对抗另一种权威，即以西方世界所接受的权威来对抗苏联的权威。当时，《马克思主义旗帜下》(*Under the Banner of Marxism*)杂志的编委会已经召开，与会者对李森科理论的接受是以他们自身持有的科学哲学为基础的，而我们西方人有什么样的科学哲学

---

① 译注：参见《自由的逻辑》(*The Logic of Liberty*)，波兰尼著，冯银江、李雪茹译，吉林人民出版社 2002 年 1 月版。

与之分庭抗礼呢？这些观点又为何能在我们当中被普遍接受？这种接受合理吗？有何依据？

与马克思主义理论一样，我对自然的看法及对科学的捍卫也包括社会的整体思想生活。在以后的演讲中，我还会将之扩及全宇宙的范畴。不过，我对自己所持有的科学信念进行辩护的依据归根到底还是我自己。在许多问题上，我只能回答："因为我就是这样认为的。"这就是我谈及科学、信仰与社会的原因所在。

按照通常做法，我先得孤立地来分析认知的过程。人们在解析任何一个用数字标志的观察系列时，都将涉及无穷多的数学公式，包括任何一个未来将进行之观察也都能被无数的数学公式所解析。但也仅此而已，单凭任何一种与仪器读数相关的数字功能都无法单独建构一套科学的理论。尚未实现的仪器阅读结果总是无法预测的，不过，这亦只是象征一种更深刻的不足，即一个理论的显性内含(explicit content)往往无法说明它可能对未来之发现所提供的指导。我们承认某个自然规律为真，便须相信它定将在某个不确定的范围内显现，尽管这范围可能至今还未被人认知，甚至无法在今日之情势下为人想象。也就是说，这条被确信为真的自然规律是一个人类无法控制的自然界之真实特征。

此时我们便遭遇了一个新的实在(reality)定义：那些有望显现在将来不确定的时空中的事物，是为实在。因此，某项言传陈述之所以能与实在形成关联，乃因其与意会协同(tacit coefficient)相联系。上述的实在定义以及实在之意会认知(tacit knowing)的定义是我所有文章的基础。

倘若言传规则必得依靠意会协同方能运作，那我们就不得不放弃"精确"的理想。可是，认知中有什么力量能替代它呢？那就是我们在知觉活动中施展的那部分力量。科学家能知觉持久存在之形状，认定它们为自然实在之表征，这种能力与我们通常的知觉能力不同。他们能迅速地将看见的形态整全，常人无法做到。**科学认知蕴于对实在表面形态的辨识之中**。这里，我称这种能力为直觉，在下面的演讲中，我又将之描述为科学理论的意会协同，或者看作实在之表征，依靠直觉(intuition)，科学理论与实践经验方才产生关联。因此，直觉往往预示着它所联系的某种经验的不确定显现(indeterminate manifestations)。

关于自然的每一种解释——无论是科学的、非科学的，还是反科学的——都是以对事物总体特征的某些直觉观念为依据的。那种关于经验的魔化(magic)解释总将某些在我们看来与现象产生具有重要而直接的联系的原因视而不见(比如一块石头砸到某个人的脑门上)，人们认为这些原因是巧合甚至与该事毫不相干，而另一些似乎与事情扯不上联系的小意外却被当成有效原因(比如一只稀有之鸟从头顶飞过)。那些不相信这个普遍系统(general system)的人们可能举出许多事实来反驳它，但系统可以完全排斥这些事实。可见，任何普遍的事物观(general view of things)都是高度稳定的，唯有扩及整个人类经验之上，它们才能有效地反对或理性地支持某个观点。任何科学研究或科学教育的前提，都在于科学家对事物总体特征所持的信仰。

这些前提对发现过程有着重大而不可或缺的影响。它们指点科学家，暗示后者哪一类选题显得合理而有趣，而哪一类概念与联系又必须尽可能地去坚持，即使有些表面证据与它们相悖(contradict)；反过来说，这些前提也提醒我们抵制某些概念与联系，即便我们已经掌握了对它们有利的证据。

科学的前提不断地被修正，例如在哥白尼之后，物理学研究的前提就经历了一系列发展阶段，我在书目说明里介绍了这一段历史。每一项既已确立的科学主张都将被纳入现行的科学前提之系统中去，当科学家们观察到某项结果，这些前提会帮他们决定到底是把这结果作为实在加以接受还是将它置之脑后。我在书目说明中列举了一长串这类案例来说明这个道理，在晚一些的演讲中我也会举出许多这样的例子。上述资料驳倒了一个已被广泛接受的观点：当一项抵触的观察结果被发现时，我们就得放弃这个旧有的科学主张。书目说明里列举的材料还驳斥了这样一种论调：科学过程只能影响对事实的解释，却无法改变已被接受的事实。

科学发展蕴于辨识实在外在形态的行动中——这观点正可解释所有的这一切。我们知道，知觉者无法言传地控制知觉选择（perception selects）、塑形（shapes）和同化线索（assimilates clues）的全过程。科学辨识之力与知觉活动之力相当类似，都是通过选择、塑形以及不需要焦点注意力投向线索本身的同化环节而运行。因此，哪些互相抵触的证据能令科学命题失效？哪些进入科学家视野的事物可被承认为真？从中我们又能推知怎样的道理？这些问题的结论究竟为何，最终都需要由科学家的个人判断来决定。

格式塔心理学（Gestalt Psychology）和新近兴起的互动心理学已经将研究推进到知觉塑形（shaping of percepts）阶段了。知觉塑形过程包含于我们在被示材料中进行选择和补充的行动之中，其结果将是对被示材料的某种诠释，这种诠释既可能具有强迫性，也可能带有某种程度的随意性。塑形的标准定性（qualitative）却是不确定的，并且常常彼此抵触。这个原理同样适用于科学上的经验塑形过程。一切重大发现均美不可言，但美的质素相互迥异：海王星的发现是对既有观点灿烂有力的确认，而放射现象的发现引发了一场令人眩惑的对已知观点的革命，它们以各自独特的方式美丽着。在《个人知识》（*Personal Knowledge*）[①]一书中，我谈到了数学物理领域中的一些发现，它们便是由纯粹的理论之美引导而出的。迪拉克（P. A. M. Dirac）在他新近发表的论文《物理学家的自然图景的进化》（*The Evolution of the Physicist's Picutre of Nature*, Scientific America, CCVIII, May 1963）中便断言：使公式中富含美感比令它们契合经验更为重要。如何对这些各说各话的主张做出最终裁决，我马上将对这个问题更多地着墨。

---

① 译注：参见《个人知识》（*Personal Knowledge*），波兰尼著，许泽民译，贵州人民出版社 2000 年 11 月版。

在我的系列演讲发表之后,这个国家遭遇了梅洛-庞蒂(Maurice Merleau-Ponty)的《知觉现象学》(*La Phenomenologie de la Perception*)①。该书并未涉及科学哲学,它只是沿着胡塞尔(Husserl)的思路对知觉所得的知识进行分析,并得出了与我此处谈论之观点类似的理念。里奇(A. D. Ritchie)是我在曼彻斯特多年的老同事,他在《哲学论文》(*Essays in Philosphy*, London,1948)和《科学史与研究方法》(*History and Methods of the Sciences*)两本书中独立发展出来的一些关于科学的本质观点,亦与我的看法基本相仿。在后来出现的一些与我得出类似结论的作者中,我想引用其中几位——贝弗里奇(W. I. Beveridge)、布鲁诺维奇(J. D. Bronowski)、斯蒂芬·图尔明(Stephen Toulmin)、汉森(N. R. Hanson)、康拉德·洛伦茨(Konrad Lorenz)、托马斯·库恩(Thomas Kuhn)、霍尔顿(Gerald Holton)、佩雷尔曼(Ch. Perelman)和威腾伯格(A. I. Wittenberg)。

贝弗里奇写作了《科学发现的艺术》(*The Art of Scientific Discovery*,1950)一书,他勾勒出一些无比珍贵的生活素描,阐明科学如同艺术的道理。在《科学与人类价值》(*Science and Human Values*)一书中,布鲁诺维奇也推展出科学发现是一种创造活动的观点,他认为这种创造与艺术创作如出一辙。斯蒂芬·图尔明在《科学哲学》(*The Philosophy of Science*)中系统地证明了科学理论的框架(framework)包含一些无法直接在实验中验证真假的总体假设(general supposition),这些前提与体现它们的一些特定陈述是重叠的。汉森则在《发现的模式》(*Patterns of Discovery*)②里将观察到的科学事实描述为"负载理论"。在题为《格式塔知觉为科学知识之根本》(*Gestalt Perception as Fundamental to Scientific Knowledge*)[1]的论文中,康

① 译注:参见《知觉现象学》(*La Phenomenologie de la Perception*, Paris),梅洛-庞蒂著,姜志辉译,商务印书馆2002年版。

② 译注:参见《发现的模式》(*Patterns of Discovery*),N. R. 汉森著,邢新力、周沛译,中国国际广播出版社1988年3月版。

拉德·洛伦茨具有启示性地推展出格式塔知觉与科学知识间的类同点，但未能探寻到科学的究竟基础，而我在这几篇演讲和《个人知识》一书中的探索，就将以此为出发点。托马斯·库恩在《科学革命的结构》(*The Structure of Scientific Revolutions*，1962)[①]中指出，一些重要的发现将深远地影响科学家们的眼界，他把这类发现誉为"范式"(paradigm)。霍尔顿所著的《自然科学所根据的假设》(*Uber die Hypothesen welche der Natruwissenschaft zugrunde liegen*，Eranos Fahrbucher，XXXI，1962)一文则论证了科学观点中的"主题"维度(thematic dimension)，而我正是用这个词来描绘科学观点在体现科学的普遍前提中所扮演的角色。威腾伯格在《从思考到了解》(*Vom Denken in Begriffen*，Basel and Stuttgart，1957)中则表示：数学领域里，理性在发现一项根本知识的同时，应承认其内容的无法完全言传性，这个见解也是人类理性存在的组成部分之一。在《新修辞——论辩之哲理》(*La Nouvelle Rhetorique*，*Traite del'Argumentation*，Paris，1958)中，佩雷尔曼从一切推论的可疑性出发，向修辞辩论的说服力发出追问，这说服力恰是佩雷尔曼自己所坚持的。和我一样，威腾伯格和佩雷尔曼都探及个人的判断与决定在科学中所扮演的角色，我们承认个人判断与决定的统摄(comprehensive)力量，人类对这种力量的依赖是整个认识论的原则问题。在这一点上我与他们心有戚戚。

谈过言传知识的意会协同(tacit coefficient)之后，我们得转而探讨科学发现的意会过程了。对科学直觉(scientific intuition)发生的全过程，我们都知道些什么呢？

人们常常在重新处理一些久为人知的实验数据时完成一些惊人的发现——除了金斯(Jeans)所列举的哥白尼、伽利略(Galileo)、开普勒(Kepler)、牛顿(Newton)、拉瓦锡(Lavoisier)及道尔顿(Dalton)，我还

---

① 译注：参见《科学革命的结构》(*The Structure of Scientific Revolutions*)，托马斯·库恩著，李宝恒、纪树立译，上海科学技术出版社1980年10月版。

要补充达尔文(Darwin)的发现、德布罗意(De Broglie)的波动说、海森堡(Heisenberg)和薛定谔(Schrodinger)的量子力学,还有迪拉克的电子与正电子理论等等。要从人类已知的事实中演绎出这些推论,必须依赖一种超常的直觉力量,而这些例子无疑已确证了这力量的确存在。

尽管,格式塔心理学家已在这个方面开展了许多优秀的工作——彭加勒(Poincare)和阿达马(Hadamard)对发现的过程进行了令人印象深刻的描述,波利亚(Polya)则对数学的启示性做出先驱的探讨——可我们还是无法得出可以洞悉发现产生过程的清晰概念。柏拉图(Plato)在《美诺篇》(*Meno*)里已经指出了这项工作的主要困难所在。他认为,试图解决某个问题的想法是荒唐的,因为事情只有两种可能:要么你知道你在追寻什么,那么问题就根本不存在;要么就是你不知道你在追寻什么,那你就不在追寻任何东西,更别指望能找到什么了。倘若科学指的是对自然界有趣形态的了解,那么这了解如何达到?**我们凭什么断定那些未被我们了解的事物是能够被我们了解的**?我的回答是,必有一种预知(foreknowledge),它以合理的概率引导我们的猜想,指挥我们成功选题,滤出那些有望解决问题的灵感。我可以这样来描述该过程:一项潜在的发现吸引着有望揭示它的心灵——它点燃科学家心中的创造欲望,给他们一些暗示,指引科学家们从一个线索走向另一个线索,从一个猜想迈入另一个猜想;操作实验的手、疲劳的双眼和紧张思考的大脑,都在某种普遍迷咒(common spell)之下操劳,正是这迷咒引领我们奋力探寻实在。现在,我对超常知觉能力(extra-sensory perception)在上述探求实在之活动中所扮演的角色还有所怀疑,但我对这种可能性的思考,也充分说明了我赋予这个问题的深度。

诚然,确有一些规则能为科学发现提供有价值的引导,但它们只能说是一些**艺术的规则**而已。因为,说到底,规则的应用靠的毕竟不是规则本身,最终还得依靠人类行动。当然,这样的行动有可能是相当明朗的，此时它所遵循的规则就非常明确；但既然是依照一项明确的规定来产生某个对象，那这就只是一个制造的过程，而非艺术品创造的过程。同样的道理，用一项指定操作获取新知识的行动，充其量也只能说是一种测量，而不能称之为发现。科学探寻的规则在它们自身的适用过程中留下了广阔的开放空间——任由科学家们的主观判断驰骋其中——这才是科学家的主要职责所在。他们得寻找好的选题、做出种种接近探寻对象的猜测并辨认出那些能最终解决问题的发现。在此过程中，科学家的每个决定均依赖于某条规则的支持，可是，他仍旧得根据自己的判断，在每个实验案例里选一条合适的规则来运用，这就好比高尔夫球手为他的下一击挑选一支趁手的球杆。

正如我刚才所述，远望过去，科学家似乎仅仅是一台由直觉敏感性(intuitive sensibility)所驾驭的探寻真理的机器。但这种浅白的看法恰恰忽略了一个奇妙的事实：从头至尾，科学探寻的每一步最终都是由科学家自己的判断来决定的，他始终得在自己热烈的直觉与他本身对这种直觉的批判性克制(critical restraint)中做出抉择。这种究竟抉择所涉甚广：从重要的科学论战中我们已经看到，即使在论争的每个方面都受到检验以后，论争中的基本问题仍然在相当大范围内被存疑。对这些经过互相对立的论战仍无法解决的问题，科学家们必须本着科学良心(scientific conscience)来做出自己的判断。我本人在《个人知识》一书中，试图阐明的一点就是科学家承担这项最终义务时并非出于主观。

正因为艺术无法精确界定，所以它只能经由体现其精旨的实践范例来传承。你得首先崇信一位大师的作品，继而才能观察他并从他那里真正学到东西；如果你想学习一门艺术或者师从某人，那你就必须将这门艺术视为神圣，将这人视为权威。唯有相信科学的实质与技巧本质上就是健全的，我们才能把握科学的价值观和科学探寻的技能。这是认知之道，也是基督教神父们所谓的**“信仰寻求理解”**(fides quaerens intellectum)的道理。

从实践的范例(example)中学习一门艺术意味着接受这种艺术的传统并进而成为它的代表。科学职业的新手得接受训练，以图与其师辈立于同一基石之上，直至以此为基确立他自身的独立性。起初他们模仿导师，在这种模仿的过程之中，他们也逐步学会坚持自己的独创性——虽然这些个人创见很可能与当前流行的部分科学教条相违背。科学界固有这样一些内在规律：科学权威们将科学的传统教授给新一代的过程中，必然引致某些与传统相悖的东西，而新一代在重新诠释习得的科学传统时也会逐步同化这些东西。

虽然可能引发非议，但科学界在管理科学研究的资源和公开出版的科学刊物时也强制实施严格的纪律。所有科学稿件都只有在被科学的自然观检验为足够合理时，才能被科学刊物所接受。唯有如此，方能将那些怪人、骗子和庸人的文章拒之门外，以免它们充斥科学刊物、腐化科学机构。与此同时，有些原创性的思想或作品可能在某种程度上与已经确立的科学原则有所出入，科学权威们往往对这种原创性给予最高的赞赏。科学的内在张力(internal tension)和危险性都是必然存在的。

科学权威蕴于科学公断(scientific opinion)之中：唯有科学家们持续形成公论，科学才能以一个宽广博大的权威知识体系的形式而存在；也只有当科学家中形成的公论能消融纪律与原创性之间永恒存在的危机之时，这体系才能存在和成长。继起的一代要成功，势必得独立自主地重新诠释科学的传统，他们承担着促动科学信仰和科学方法自我更新的神圣使命。我们既然已经谈到科学和科学上持续发生的进展，就如同是宣称了对基本科学原则的信任，并且坚信科学家们在应用和修正这些原则时始终是忠诚正直的。

每个科学家都可能遭遇“科学芳邻”的批判，而这些批评者在他们自己的序列里也被科学邻居批判。从数学到医学，互相鉴赏(appreciation)之链就这样贯穿科学体系，使体系之中处处维持相同的基本信念和科学价值标准。在科学探寻的广大领域里，每个科学家都在维持科学传统的行动中各司其职。科学家可能对其他学科一无所知，但他和他的科学同事们都是在同一个科学传统中成长起来的。

科学家中间也有不同的层系，但这并不是最重要的，因为每个人的角色都至高无上。科学共和国（the Republic of Science）实现了卢梭（Rousseau）的理想——在这个社会里，每个成员都是普遍意志（general will）之下平等的伙伴。不过，这项认定中的普遍意志呈现了新的意义：与其他意志不同，这个普遍意志的目标是不能变更的，它为全社会所分享，每个成员都得分担它所带来的共同任务。如果这项任务终结，社会将即刻解体，人们就不得不寻思除此之外该做些什么。

我们可以把这个道理推广到文艺学、艺术和政治学领域的发现行动中去。一切发现都只有一个模式——在一个本质上沿科学生活的思路组织起来的社会里，依靠个体的努力而碎步前进。并且，这社会得确保活跃于其中的每个成员保持独立性，使他们共同致力于互相支持又互相牵制的价值追求。如下的信念支撑着社会中的创造性生命：坚信平静地隐藏着的真理可能被持续不断地揭露出来。在《科学、信仰和社会》（*Science*，*Faith and Society*）中，我将其诠释为对某种精神实在的信仰，这信仰真实存在，它能无限地引导出令人称奇的成果。今天，我更倾向于称之为对"突现（emergent）意义和真理"的实在的信念。

社会精神追求的资源和对这些需求的保护有赖于该社会的经济和法律秩序。其结果是，对利益和权力的追求与思想的成长在社会中交互作用。这种交互作用的程度在不同的思想门类里各不相同，至于它对科学的影响，可以说，科学的进程基本上不会因内在的利益而有所偏离，唯有当自主权被侵害时，科学进程才可能陷入危机或止步不前。

对思想与社会的共生关系（symbiosis）形成如此认识使我们趋近马克思主义的立场，但同时也令我们与马克思观点的分歧更加明显。马克思-列宁主义否认思想的内在创造力。在他们看来，科学家、学者和艺术家们对自主权的任何要求都是无理取闹。对科学探索的献身无论迈向何方，都是对那个负责公众福利的权力的背叛。

这个权力不承认任何高于它的真理、公平和道德的存在，它自诩为历史运数(historic destiny)的化身，同时也是历史对人类之许诺的分配者。唯物主义哲学或者说浪漫主义哲学(romantic philosophy)与此殊途同归，它们也否认任何关于真理、公平和道德标准的普遍主张(universal claims)，以防公民在任何情况下诉诸这些标准，从而巩固政府的绝对权力。事实上，这两个过程还被联合起来为暴力优于心灵的观点做辩护。

但在这里，我们还得谈到另外一个过程，它使暴力成为暴力本身所蹂躏的价值的体现。在我们的时代，那些无视人性标准的政府当权者那么轻蔑地将人性理想抛诸脑后，但他们的所作所为又恰恰被这些理想的巨大热情所推动。他们排斥那些公然声援这理想的言论，认为这些理想从哲学上说是荒谬、伪善和似是而非的，但背地里他们又悄悄地把这些理想注入自己建立的新专制体制里。由是，这些理想反而成为残酷对抗它们的暴力中所固有的东西。后来，我把这种现象谓为**道德颠倒**(moral inversion)，它使权力的不道德反而成为证明其道德纯净的标志。正是拜这种内在结构所赐，它才能在宣称自身不道德性的同时，诚挚地拒绝任何谴责其不道德的指控。

1956年以后，接踵而来的报道使我们日益清晰地看到，对真理的需求正是席卷苏联全境的改革呼声的推动力，它已使启蒙运动中发源而来的知性(intellectual)传统得到复苏。马克思主义的修正主义(Marxist revisionism)正是一种重建与巩固启蒙运动人文主义的尝试，意图借此与那种最终导致斯大林主义的自我毁灭相对抗。西方作家将这个解放运动归功于工业化的更高层次，可见他们仍是将人类希望掷入黑暗的哲学腐化掌控下的囚徒。尼古拉和他的同事们则致力于把人类对真理的信仰从这种腐化中解救出来。

我已经辩明——对真理给予普遍的尊重，社会便能自由。在与斯大林主义的论战中，我们证明了自由与真理处于同一立场，这也证实了我的观点。沿着这个思路，我期待论争中能突现出一个新的现代自由理论。

于牛津

1963年12月

注　释

[1] 德文'Gestaltmahrnehmung als Quelle Wissenschaftlicher Erkenntnis'的英译版，原载于 *Zeit. f. exp. u. angew. Psychol.*，1959，No. 6，118—65，收入 *General Systems*，Vol.. VII(1962)，L. von Bertalanffy and A. Rappaport[Ann Arbor，Mich.]编。（此为英文版原注，下文中原注不再特别标明。）

第一章　科学与实在

一

何谓科学的本质？给我们一些经验，我们能否根据某些言传的、程序上的规则对被示经验的总和进行应用，从中得出科学的结论呢？为求简洁，让我们将目光集中在精密科学的范围内。为了方便起见，我们还得假设一切相关经验均以数字度量的形式陈示，这样，我们就将看到一张数字的列表，表上的数字分别表示位置、体积、时间、速度和波长等概念，而我们就要从中推演出自然界的数学法则。这样的过程能通过精确的操作来实现吗？显然不行。那么，还是为了论证之便，我们暂且承认自己能通过某种方式发现列表中的数字因互相关联而组成若干群体，且其中某一群又可能决定另外一群；即便如此，我们还是会发现，有无穷多的函数可能代表这些数字群落之间的关系。数学函数的数量极多——例如幂级数（power series）和调和级数（harmonic series）等——这些函数中的任一个都能被人类随心所欲地以无穷多的方式加以应用，以求接近数字群落之间的关系。任何一条精确的规则都不能帮助我们从无穷多的备选函数中指认出某一条代表了某项自然规律。总的来说，当我们将这无数备选函数中的每一条应用于新的实验时，都将指向各不相同的预言，但这些测试并不是我们做选择前所必须进行的。要知道，即便将那些预测结果正确的函数甄别出来，我们手中所余仍旧无穷。事实上，我们刚才的劳动只是将一些新的数据——预测而得的数据——加入我们一开始就面对的备选函数序列里去，仅此而已。它并不能令我们更加贴近答案，因为我们依旧无法从无穷多的备用选择里挑出特定的那个。

不过，我这么说并不是想暗示人类不可能发现自然法则，我只想说明：我们不是，而且也不能通过依据某种既定的、可明示的操作规则处理实验结果的方式来发现自然规律。为了使讨论更贴切于真实的科学实践，我欲重申下文表达的观点。我们不妨做一探讨：某个与仪器观察结果相关联的数学函数，能否组成我们在科学上习惯地称作自然规律的东西？举例而言，如果我们将自己所掌握的行星运行路线知识陈述如下：在某些特定时刻，人们把某几种型号的望远镜架设成某几个角度，就能通过它观察到一轮大小为某个特定尺寸的发光圆盘。——这么精确的一句话能表达行星运动的自然规律吗？不能！显而易见，一个如此这般的预测并不能等同于一个关于行星运动的科学论断。首先，总的说来这种预测总是夸大其词的，即使该预测所依据的行星运动基本原理为真，上述预测性表述仍然可能有误：实地观测时天空中可能会有云彩挡住我们观测的视线，观测台下的泥土也可能流失，此外还有其他千百种可能发生的失误或障碍会导致实验结果的偏差。其次，我们的表述又是言不及实的，因为根据行星运动规律，我们可以推测出某颗行星可能以无数种方式出现在天空中的某几点上，到底是哪一种、哪一点，可能性太多，永远无法被精确预测；其中某些可能性我们至今仍一无所知，因为它们事实上虽然是我们已知的规律系统中所固有的，却是由某些未知的物质特征或其他因素引发出来的。

其实，上述两种表达科学的方法都缺失了某个基本的要素，在科学的第三种画像中我们或许就能清晰地指认出这个被遗漏的要素。诸位设想一下：在某个夜里，我们被隔壁空房间传来的翻箱倒柜的杂音吵醒，那么这声音是风，是贼，还是老鼠？……我们努力去辨猜。是脚步声？那就是贼喽，一定是！我们鼓起勇气，站起身来，去验证我们的猜想。

这会儿，先前被我们忽略掉的某些科学发现的特征就出现了。盗贼理论——权且用这理论代表我们的发现——并不包含任何观察数据之精确联系，更无从据此进一步预测出新的确定的观察结果，这就好比未来实验结果必定存在无穷多的可能性。但此处的盗贼理论又是相当真实(substantial)和明确的，甚至足以作为呈堂证供，因为假若推断合理，我们就没有理由质疑它。根据常识，其中并无新奇之处：盗贼被假设为真实存在——我们假设一个真的盗贼确实存在，而盗贼理论只是清晰地呈现了这假设而已。这话甚至可以反过来说：在任何时候，如果科学论断类似于盗贼理论，那么科学就是在假设某事物真实存在。依据这个思路，我们可以说做出一个关于行星运行路线的推断也就是做出一个关于实在事物的推断，它不仅要受到许多确定实验的考验，还要经历那些还不十分确定的实验的考察。我们经常听说一些科学理论在后世的实验中才得到验证的案例，它们常被形容为惊人且大胆。麦克斯·劳厄(Max v. Laue)在1912年做出的成绩就被赞誉为天才的惊人成就，那一年他通过X光在晶体中的衍射确证了光波性质和晶体的晶格结构。科学论断能带来一些遥远而无法预期的收获，这似乎已成为它的本质。据此，我们足以断定，参与实在亦是科学之本质。

与我方才所言密切相关，盗贼理论的另一个重要意义在于该理论的获致之道。盗贼理论是这样确立的：首先，我们留意到古怪的杂音，据此推测是风、鼠或是盗贼，最后，又一条线索出现了，终令我们做出判断。从中，我们看到了一系列猜测实在的努力。这个猜测过程始于某个问题出现在脑海中的刹那，该问题必定留给我们反常并具有暗示意义的印象；接着就是收集线索，着眼于寻找解决问题的思路而收集线索;然后,这个过程的高潮在我们猜中解决问题的明确方法之时悄然而至。

但是,在盗贼理论给出的解决问题之道和新的科学主张提供的解决方案之间存在一个差异。前者析出的线索是一个已知的实在因素,也就是盗贼,而后者则往往假定一个全新的实在因素。在过去300年中,科学发展成就惊人,这有力地说明了新的实在之面相(aspect)已持续地加入旧有的实在体系中。那么,如果之前确实对某种真实联系的存在一无所知,我们又何以能从一些实验数据中推测出这种联系呢?

话题必须回到那个过程——那个我们通常据以确立周围某群事物之实在的过程里。我们对某个对象之实在所持有的根本线索就是:它具有一个连贯的轮廓。格式塔心理学的贡献在于它令人们意识到,在知觉格式塔的过程中有一些值得注意的现象。例如,让我们看一个球或蛋,只要一眼,我们就能看到它们的形状。但假如肉眼看到的不是组成球体表面的白点的聚合体,而代之以这些白点的另一种同等逻辑的呈现——一张巨大的等值白点的列表,那么即使这些数字集合的固有形状本质上是能够被发现的,也得花费经年的努力。事实上,从这张等值列表中知觉出球体的过程将是一项在知性成就的性质和程度上可媲美于哥白尼学说的伟业。因此,我们说科学家具有一种不同于常人的知觉能力,这能力令他们能迅速整合(integrate)面前的格式塔,从而猜出作为实在表征的形态,常人却无法轻易做到。科学家凭直觉预先感知前方存在某种可能性,这直觉将引导他们在实验中找出确实有效的数据——尽管这些数据常被伪饰于种种不相干的连接中——并最后整全这些四处散布的数据。这样的知觉有可能发生错误,正如人们在日常生活中也可能错误知觉被伪饰(camouflaged)物体的形状一样。在此,我想向诸位阐明的是:科学命题具有一些典型特点,也正是这些特点使我们无法经由精确操作基本实验的方式而发现科学命题;我还想证明,发现这些特点的过程必须嵌入我们对自然现象实在结构的直觉性知觉。在本章的其余部分中，我将进一步验证这个观点，并在第五部分中指出在一些重要的方向上扩充这个观点是非常必要的。

二

但是，日常经验似乎以一种逻辑必然性的力量强迫我们接受某些自然规律为真理，不是吗？许多概述（generalization）似乎都是由经验得来，例如"所有的人都会死"或者"太阳发出光芒"，完全无须我们——观察者——直觉能力的介入。其实并非如此，这些例子只能说明我们倾向于将我们的一些信念视为理所当然，因为这些今日被视为理所当然的概念在原始人眼中都还是被普遍否认之事。原始人坚信人不会死，除非受害于罪恶的魔法；某些原始人还相信太阳会在夜间停止发光，悄然横穿回东方。对自然死亡规律的否定是原始人普遍信仰的一部分，他们相信凡对人类有害的事物都非自然存在，而是因为某个恶毒的人在作怪。这种对经验的魔化（magical）解释，对一些在我们看来对事件的产生具有重要而直接影响的原因视而不见（比如有块石头砸到某个人的脑门子上了），这些原因被它们当作巧合甚至与该事毫不相干，而另一些似乎与事情扯不上联系的小意外反而成了有效的原因（比如一只稀有之鸟从头顶飞过）。

虽然迷信这种魔化观点，但原始人的智能还是正常的。他们不仅发现自己的观点与日常生活完全对应，而且非常坚定地执有原先的信念，即使某些欧洲人以现实为依据对此加以驳斥，他们仍不改初衷。我们由自身对外部实在之基本特征产生的直觉得出诠释之道，因而，指认出任何新的经验元素，都无法轻易证明我们的诠释之道不充分。

可是，如今我们似乎正面临自相矛盾的危险，也就是说，我们似乎失去了对两种对立的方法论——现象的魔化式解释之道和自然主义解释方法——之间区别的把握。其实，在原始人的魔化理论中，我们总能品味出某种诗意的真理，这也是我们在小说作品中经常见到的。在小说里，如果作者安排某人意外死亡，那这个情节背后一定隐藏着某种人生道理。我们永远不能忽视艺术作品中“圣路伊斯大桥”式的现象。诸如“某人死于火车车祸”这样关于死亡的自然主义观点剥夺了“宿命”(fate)之说里的合理成分，它倾向于将“宿命”之说贬低为“毫无意义的痴人说梦”。不过，自然主义的观点同时为我们展开了一幅呈现世界万物秩序和规律的画卷，那是魔化观点做不到的。既然自然主义的说法建立了生灵之间更确切、更负责任的关联体系，那我们就应毫不犹豫地在二者之间择其为真。

相似的对立和冲突也存在于中世纪的眼光和现代科学的观点之间。有一个事实常被我们忽视：中世纪的天主教哲学最初恰恰是在一个浸透了科学理性主义的社会中建立起来的。奥古斯丁(St. Augustine)奠定了基督教哲学最重要的基础，但他在《忏悔录》(*Confessions*)一书中充分阐述自己在皈依教会之前曾经对科学具有多么浓厚的兴趣。但在笃信基督之后，他转而视一切科学知识为碍，认为对科学的追求将令人类在精神上陷入迷途。公元 380 年左右，奥古斯丁脑中上演了剧烈的思想斗争，在这场斗争中对上帝的确定性(a certainty of God)的热望占了上风，他认为人类在追求第二因之链(the chain of second causes)时产生的知性骄傲将危及这种热望。他写道：“无人能靠近你，除非是那些痛悔的人。骄傲的人们一定找不着你，尽管他们有着古怪的技能，懂得如何去数清天上的星星和地上的沙砾、测量繁星密布的苍穹、追寻行星路过的轨迹。”

1100 年之后，人类精神期望(mental desire)的天平经历了渐进的变化，人们也终于看到奥古斯丁的咒语被破解。在尚未复兴自然科学研究之前，批判的、外向的(extrovert)、理性主义的世俗精神(secular spirit)就已传播到自然科学的其他领域之中。科学是文艺复兴末期孕育出来的，早在哥白尼和维萨里(Vesalius)的发现出现以前，文艺复兴的顶峰已过，并跌入了反宗教改革（Counter-Reformation）①的阴影之中。哥白尼和维萨里之所以能做出那样重大的新发现，原因无他，就在于他们勇敢地抛弃了既在的权威。1500年左右，哥白尼曾在意大利大学里学习教会法规，期间受到新精神的影响。从意大利返乡之后，他发现人们自由地讨论所谓的毕达哥拉斯定理，而太阳中心说也早已确立了它不可动摇的强势地位[1]。盖仑（Galen）假设那些贯通心脏隔膜的通道确实存在，而维萨里在初次检视人的心脏时就没能找到这些通道，他先是假定人类的肉眼无法观察到它们，但数年之后，他不再盲目相信权威，继而戏剧性地宣布这些通道根本就不存在。

时至今日，我们已能感觉到人类精神的天平需要再次倾斜，与上回正好做个颠倒。科学已不能再一如既往地断然回避如下诘问：当科学概论被推及作为整体的世界时，它到底能走多远？19世纪末，科学家们毫不怀疑地接受了拉普拉斯（Laplace）和彭加勒关于宇宙性质的观点，而现如今的科学家们是否也会如此，颇值得怀疑。彭加勒阐述了这样的认识：从拉普拉斯的力学理论中，人们可以推知，原子形态存在的每一阶段都将无穷地循环再现，而所有可以想见的形态（总能量相同）也将永恒循环——以至于如果有一天我们重返世界，很可能发现自己又重活了一次，但这回人生阶段的顺序正好与前世相反，生命将始于尸体的复活，终于襁褓阶段，最后被母亲的子宫所吸收。今天，我认为如此显然荒唐的结论将被严格地用来驳斥那个当时斗胆将它们提出来的科学系统。惠特克（Edmund Whittaker）曾在他1944年的里德尔系列演讲里指出：实际上，在现代宇宙进化论的研究中，人类对作为一个统摄整体的宇宙的兴趣已经复现。此外，自从相对论提出之后，科学家们日益相信，只要系统地剔除我们自身思维方式中的无据猜测，自然规律就可能被发现，这也巩固了我们关于宇宙理性的认识。

---

① 译注：反宗教改革（Counter-Reformation），又称反改教运动或天主教改革运动。

现在,我们可以下结论了:客观经验无法帮助我们在关于日常生活的魔化式解释或自然主义解释之间做出抉择,也不能让我们在关于自然的科学观点或神学观点中分出优劣;经验可能支持其中的某种立场,但最后的抉择只能由一个心灵仲裁的过程来做出,在这个过程中,人类精神天平将逐一掂量那些可能令心理得到满足的形式。我将在第三章里探究这些抉择的基础。现在,还是让我们先回到对科学的分析上去吧。

三

谈到新观察和新实验在科学发现全程中所起的作用时,人们常夸大其词。有一种错误的流行观点认为科学家总会不偏不倚地收集实验数据,公正无私地对待每一种理论,直到成功建立新的重要理论的最后一刻。金斯说过:“科学进步之路有二,或是发现新的事实,或是发现可以解释已知事实的机制或系统。而科学史中具有里程碑意义的进展往往是经由第二种方式实现的。”作为例证,金斯举出了哥白尼、牛顿、达尔文和爱因斯坦的例子,我们还可以在这张单子上加上道尔顿关于化合作用的原子理论、德布罗意的物质波理论和海森堡与薛定谔的量子力学及迪拉克的电子与正电子理论。以上发现中就有好几个包含了极为重要的预测,这些预测被证实的时间往往比它被发现的时间滞后许多年。所有这些关于自然的新知识之所以出现,都只是由于人们在一个似乎更为理性、更为真实的框架下对已知现象进行了重新思考。

导引这些发现的假设正是科学的前提,亦即科学关于事物性质所做的基本猜测。对于这些前提,就不在此赘述了。我只想提醒大家,这些仅靠重考已知现象而取得的伟大发现,恰是科学前提存在的明证和其正确性的标志[2]。

不过,以上观点还将遭遇另一种广为流传的错误观念的反驳——

即使科学家们偶尔能在取得实证前就提出对他们来说看似可能(plausible)的**先验性**假设,那也只是将其作为“工作假说”(working hypothesis)而已,一旦观察到与之冲突的事实,他们就会随时预备放弃这些假说。然而,这种说法既无意义,也非事实。如果它指的是当我们接受某个与原有科学命题有所抵触的新观察结果后,放弃旧命题的情况,那么这种说法显然是无意义的赘述;而如果它的意思是任何从形式上与某个科学命题相对立的新观察结果都将导致这个科学观点被放弃,那它显然也同样错误。元素周期表就有些矛盾的地方,事实上,从氩到钾,在元素周期表上的位置是递增的,而原子量却是递减的,碲和碘也是同样的情况①。然而,我们从来未曾因此项抵触而放弃元素周期系统。爱因斯坦首先提出了光的量子理论,尽管与光学衍射的事实尖锐冲突,但这理论依然在其后20年中屹立不倒[3]。

这一定位正是依据前言中的分析可以预期到的。我们在前言里已确立了如下理念:科学命题并不确定地指向任何可观察的事物,它往往表现为与“隔邻有盗贼”的说法相类似的陈述——描述一些只能以不明确的方式显现(manifest)的实在。可见,并无言传规则能使我们从已观察到的数据中获得科学观点,而且,我们亦因此承认,在遭遇某项新的观察结果时,并不存在任何可决定科学命题之扬弃的言传规则。观察的作用在于充实线索,以助摄悟实在,这是科学发现的潜在过程;从观察中摄悟到的实在又将反过来形成未来发现之线索,这是验证的潜在过程。以上两个过程均嵌入了对观察与实在之间联系的直觉,这种直觉能力包括一切聪敏梯级,从科学天才睿智猜想中透现出的最高层次之聪慧,到寻常知觉活动所需的最些微的聪慧。即使验证比发现更多地依赖规则,但这一过程最终还是得依靠精神的力量——那种任何明确规则的应用都无法企及的力量。

① 译注:这几个元素的原子量分别为氩39.948、钾39.0983、碲127.6、碘126.9045。

如果考虑到确立科学主张通常需经的阶段，上文的结论或许就不足为奇了。在任何孤立的实验探寻过程中，自始至终贯穿着直觉和观察的相互刺激，并且这刺激的形式变化多端。多数时候，我们都是在某种痴迷的支持下坚持徒劳的努力，这种痴迷往往屡受打击却数月不息，甚至不断爆发出新的希望。而且，无论何时，这些新希望总是一如那些数星期或数月前被痛苦地粉碎掉的希望一般鲜活。突然，被模糊猜中的真理似乎呈现了真理确定性的明晰轮廓，可是正待我们三思或开展进一步的实验观察时，这轮廓即刻又消失了。不过，关于真相的确定视域(vision)一次次重现，在更深层的反省和不断增加的证据中，真理之见愈加有力。此时，这些真理之见或许就被观察者接受为最终的观点并公开传播，他们以此形式对真理承担公共责任。以上就是科学观点确立的通常方式。

可见，这些科学命题的确定性与先前预设结果的确定性之间往往只有程度上的差别，某些预设起初被当成最终的结果，但随着事情的发展，人们逐渐发现它只是初步的结论而已。这并不是说我们得自始至终存疑，它只说明我们最终接受为正确的结论不可能完全由言传规则推导而来，还得依赖我们自己对事实做出的个人判断。

我的意思并不是说任何规则都不能导引验证过程，只是任何规则都不是我们最后依靠的手段。让我们来看看实验性验证(experimental verification)中最重要的一些规则：结果的可复现性(reproducibility)，不同独立方法导出的结论之间的一致性，预设的实现(fulfilment of predictions)。这些都是有力的标准。我可以举出例子，它们说明有时虽然已经满足了上述全部标准，还是可能被证实为误。从中我们可以看到，实验中最惊人的一致或许会在未来被发现为仅是巧合而已。所以，实验中的一致常留下一些可疑之处，是否将这些疑点忽略不计，则有待科学家们自己去判断[4]。

当然，类似的考虑也被应用在已经被接受了的反驳规则中。诚然，科学家们应该随时准备服从实验证据所提供的相反结论，但这种服从亦不是盲目的。方才,我举元素周期系统和光量子理论的例子就意在说明这个道理——尽管人们已经观测到相斥的事实,但这两个科学理论还是被我们承认了。由此可见,某个偏差并不必然影响一个科学观点在本质上的正确性。当我们突然遭遇某个理论的异议时,应对的最佳方法也许并不一定是放弃我们原有的理论。元素周期系统和光量子理论的例子就启发我们在遇到这种情形时,该如何从异议出发,将理论进一步推向深入——一条规律的任何例外都不一定必然导致规律被推翻,甚至也许反而能阐述规律本身,令其在更深层之意义上获得确证,这是完全可以想象的。

其实,忽略某些偏差的过程在科学研究的日常例行工作中是相当必要的。在实验室里,我时常能发现一些在形式上与自然规律相抵触的事实,我的做法是将它们解释为实验失误而暂且忽略不计。我明白,也许有一天这种做法会使自己忽略某个重大的新现象,甚至错过一个伟大的发现,这样的事情在科学史上屡见不鲜,但我还是选择继续忽略一些古怪的实验结果,因为如果我顾虑到实验室里观察到的每个异常结果的表面价值,对它们一一加以重视,那么我的研究工作立刻就会沦为追逐空想中的重要新事物的无用功。

综上所述,在自然科学领域中,任何科学命题的证据都可能在未来被证明为不够充分,同理,任何反驳也都可能被验证出缺乏根据。那么,这就给科学家的个人判断留下很大的余地——他们终究要依靠自己的判断来决定——证据到底需具备多大分量才能证明某个特定科学命题为有效。

四

这样看来,科学命题实质上似乎就是猜想,是一些建立在关于宇宙结构的科学假设和利用科学方法收集的实验数据基础上的猜想。它们得经受进一步的检验，检验的过程依据科学的规则来进行，但它们固有的作为猜想的本质是不会变的。

我深信科学中存在伟大的真理，因此，我认为科学的猜想并非只是空穴来风。那么，如果这些猜想真的是遵循某些方法而运行的话，就让我们重新审视它们的工作过程，看看其运行方式究竟为何。

科学领域的猜想过程始于新手初被科学吸引，并进而被吸引到某个问题场（field of problems）中之时。这种猜想涉及他对自身能力——尽管这些能力当下尚未显现出来——以及对科学素材的评价——尽管有些素材可能还未被收集甚至从未被观察到，然而这些素材日后很有可能使其能力得以充分发挥。猜想工作还要求新手感知自己潜在的天赋能力和自然界中隐藏的事实，也许在将来的某一天，二者结合起来，就将在他心中激发灵感，启迪他走向发现。在此案例中，我们看见，新手能够猜出某个内聚序列（sequence）上的几个连续环节，但这些被猜中的环节又都只有在另一些更深层的未被猜中的环节运作成功之后才可能被证实。这两部分元素都将被糅合进最终的结论中去，这也是科学猜想过程的一个特征。科学猜想的这个特征在由整串新论据之链构成的数学发现中表现得尤为清晰。在《如何解决》（*How to Solve It*）一书中，波利亚将这类发现与石拱做比。他认为，石拱中的石头原先是一块块依次砌上去的，可令人迷惑的是，拱中任何单个石块的稳定性（stability）又都依赖于其他石块。将某个未知物体步步引向化学合成的系列操作与石拱之例异曲同工，除非我们获得最后的成功，否则，已进行过的所有工作几乎——甚至完全——都是浪费。要猜出整串连续的过程，就必须保证我们对每个环节的揣摩依次愈加接近答案。猜想之前必须先对解决方案有足够的把握，这种预知能指导我们的猜想全程，使我们在连续过程的每一个环节上都能以合理的概率做出正确的抉择。与艺术作品的创作相仿，创作者对最终作品的基本视境指引着这个过程，虽然这种整体视境的把握尚须依赖某些未揭示的细部。不过，二者之间也有显著的差异。在自然科学里，科学家探索的最终作品是人类塑造力之外的东西，他所要做的是向人们揭示外在世界隐性模式的真实图像。

发现过程类似于格式塔心理学家分析的形态识别（recognition of shapes）过程，这一点我先前已经指出来了。柯勒（Köhler）假定：感觉印象会在我们的感官内留下物理痕迹（physical trace），正是这些痕迹自动自发的重组引发了对形态的知觉。柯勒认为，这些痕迹以某种方式互动与接合（coalesce），形成一种动态的顺序排列，由此，观察者对某一形态的知觉就成形了。如果将发现过程视作其组成元素间自动自发的接合，那我们就能将格式塔知觉过程与发现过程之间的平行比较探究到底了。想象一下：潜在的发现正吸引着那颗即将揭示它的心灵——它用创造欲望点燃科学家的灵魂，向科学家启示关于它自己的预知；指引着科学家，带他从一条线索向另一条线索深入，从一个猜测向另一个猜测迈进。做实验的手、紧张的眼睛、思索的大脑都中了潜在发现所施的迷咒，正奋力劳作以突现实在。

在实现发现所需的通常条件和一般方法中，一个事实已经呈现得相当清楚了：与其说发现是运作活动之成就，不如说它是一个突现的过程。那些操作技能——比如迅速而敏锐地收集数据并计算出结果的技能——对科学家来说不过是雕虫小技，所有的计算方法以及任何一种实验技能在各种实用的小册子里都能轻易查到。要测试材料吗？或者是要制作统计表格？小册子上有各种使用指南和统计方法的介绍。它甚至能教我们如何使用三角板，指导我们画出一张精确的地图。然而，任何小册子都不能指导你进行某项研究，因为研究工作本就没有确定的言传方法可循，只有那些例行的常规过程——比如绘制精确的地图或制作其他各类图表——才能单单靠规则来完成。研究规则通常根本无从梳理，如同其他较高级的艺术门类一般，它们的规律只能体现在实践中。有一种流行观点认为培根揭示了经验式发现（empirical discovery）的过程，并确立了它的程序体系。培根开出的方子是：收集全部事实，把它们放上一台自动碾磨机，发现就是这样完成的。事实上，这种说法是对研究工作的歪曲。最近，波利亚的《如何解决》一书重提启发式研究（the study of heuristics），他在书中探究了数学领域中解决问题的普遍方法。不过，这本优秀的小书远未呈现出一套明确的思想运作过程，它只证明了发现是一门极端微妙和极端个性化的艺术，任何可程式化的知觉（formulated percepts）对发现来说都是杯水车薪，起不了多大的作用。

毋庸置疑，至少在数学领域中，发现的实质阶段（essential phase）是一个自动自发的突现过程。彭加勒最先提出这个论断，他在《科学与方法》（*Science et Methode*）一书中对自己完成的一些重大数学发现的实现过程加以分析。他留意到，与我们在登山中拼尽最后一丝气力才能攀上峰顶的情形有所不同，科学发现通常并非发生在精神劳动的顶峰，而往往是在一段时间的休息或者心神烦乱之后，灵感乍现。在这个过程中，人的努力就好比一次不太成功的山间攀行，岩石密布、沟壑纵横，攀登者筋疲力尽，只好停下来啜口茶、歇个脚，正欲放弃的那一刹那，他蓦然发现自己原来已达巅峰，顿时万分激动，心荡神驰。此时，发现已然达成，之前的一切努力都只是为这发现所做的预备。可见，从根本上说，走向发现的过程其实就是人类有意识之努力所无法掌控的自动自发的精神重组过程。

彭加勒勾勒出的数学发现轮廓在后世的作家中深入人心，在其他广阔的思想创作领域中，人们也观察出了类似的节律。数学发现过程历经四个阶段，也就是华莱士（Wallas）所谓的准备（preparation）、孕育（incubation）、明照（illumination）、验证（verification）四个阶段；在自然科学发现中，人们同样观察到了类似的阶段分野；事实上，艺术创作的过程中，这四个阶段也有迹可寻。在人类为重拾失去的记忆而进行的思想努力之中，这四个阶段亦如翻版般清晰呈现。答疑解惑、发明实用的装置、辨认模糊形状、诊断疾病、鉴定珍稀标本，以及其他一些猜测模式似乎均是如此，其中甚至还包括信徒对上帝虔诚的追寻。在关于奥古斯丁追求基督信仰的报道中，我们亦能清楚地辨认出创造性节律独特的分段：历经漫长的艰难求索，他突然抵达最后皈依的峰巅，并立即意识到此处即为他终身皈依之地，从此穷尽毕生拥护这突然获得的信仰。

一切创造性猜想的过程都被接触实在的冲动所驱策，主角们约略能感觉到这实在是既在的，正等着自己去统摄(apprend)，这是所有创造性猜想的共性，也是哥伦布之蛋[①]成为伟大发现的公认标志的原因，它说明这些伟大发现都只是对某个明白之物的认识，此物睁大眼睛瞪着我们，期待我们最终睁开双眼。

如此看来，我们似乎更应该说指引自然科学发现的是自然界寻求在我们脑中实现的某个面相(aspect)，而不仅是科学观点的潜在性。那么，权且让我们把科学直觉的过程类比于莱因(Rhine)1934年建立的超知觉感知理论。与预知(precognition)或灵眼(chairvoyance)相类似，科学直觉似乎能猜中任何人都不知晓的事物。自然发现的直觉阶段与超感官感知之间的共性在于它们都是凭借全神贯注的思想努力去唤起对前所未知的实在的知觉。大量事实已经表明，启发式直觉与超感官知觉相同，有十分明确的工作模式。假设两个科学家看到了同一组事实，那么他们选中的常会是同一个问题，最终也会找出相同的解决方法。两个独立研究者结论一致或者基本一致的情况丝毫不足为奇，如果不是因为那些较早完成研究的科学家们往往急于公布研究成果，以阻止其他科学家继续把同主题研究进行到底的话，这种情况将更加层出不穷。因此，在否定明确运作能直接达致发现的同时，却也不须把发现的过程完全置于自然规律之外，我们还是应该看到，研究者受到他周遭环境相当的制约。(那些环境控制之外的因素，我将在本章第五部分中讨论。)

---

① 译注：此处的"哥伦布之蛋"(the egg of Columbus)应是指19世纪起源的一种经典拼图益智游戏，类似于中国的七巧板，需要游戏者丰富的想象力；但英文 the egg of Columbus 也可指1893年芝加哥世界博览会上展示的一种旋转磁场的实验装置。

不过，超感官感知的研究或许能够进一步启发我们对直觉的了解。科学史上最奇妙的巧合发生在海森堡和波恩(Born)与薛定谔之间，他们几乎同时发现了量子力学，只不过前两者的发现从矩阵模型里得出，而后者则是在波的力学中推出量子力学。起初，人们以为这是两个互相对立的发现：两个理论的起点、阐述问题的方式甚至各自的数学装备都截然不同；更为关键的是，正如薛定谔在他那篇从数学上最终确定二者观点一致的文章中指出的那样，从古典力学一出发它们就分道扬镳了。对这件事情合理的解释似乎应该是这样的：不同的研究者同时感知到自然界中某个隐藏的实在，他们以各自的方式描述这个实在，描述手法迥异，以至于让人误以为他们所形容的是不同的对象。实际上，迪拉克不久之后就证明二人的表达式都因冲突于相对论而未能触及要点，可是，当这个不足被改进之后，量子力学却又变得面目全非。这种情形看上去似乎与超感官知觉的经验相符。当我们的心灵感应或预知到对象的图形时，我们并不会产生复制与意义不相干的形体轮廓的心理意图，恰恰相反，“一切似乎是这样发生的，”卡林顿(Whitley Carington)先生写道[5]，“那些获胜的选手所做的都是‘画下这只手’，而非‘摹下这只手的图形’。”也就是说，我们可以认为，重要的不是形式，而只是思想、内容或意义。因此，海森堡与薛定谔命中的是同一个意义，只不过他们刻画出了一个实在的两种不同图形而已，但图形之间差异大到连他们自己都认不出彼此画的是同一件事物。

说到这里，我禁不住要把一个事实加入这幅图景中去——我曾经非常惊奇地听数学家们说起这样一种现象：当一个久悬未决的问题最终被攻克的时候，人们往往会突然发现一系列互相之间完全没有关联的方法可以用来解决这个问题。为了解释这个现象，我们权且假设人类直觉触及的是同一个实在，而这些全然不同的解决之道正是这实在的不同描述或不同层面。数学家们还曾在我面前如此这般地描述某个科学家连续完成一系列发现的过程：达成第一个发现就如同在无边的海洋中寻到一座孤岛，接着，他找到了第二座甚至第三座小岛，这些小岛互相之间看似并无明显关联，然而，渐渐地，汹涌的浪潮似已退去，清晰显出深藏的绵延山脉，而之前发现的那几座小孤岛正是这绵延山脉的几处峰顶。直觉对思想根本链节的触及就好比触及了发现山脉之巅，接下来将发生的事情可以清晰预见：意识将在此基础上一点点地向前推进，直至摄悟全景。其实，这个不寻常的过程与通常情形并无本质区别，某个隐藏着的数学推理之链，总是在一系列逐步向前的进展中被揭示出来的。

最后，我不得不略带踌躇地谈起过去20年中发生的一些巧合，这些理论或发现之间的奇妙巧合很值得注意，我认为我们至少得尝试性地对它们进行一些研究。1923年，德布罗意提出，电子可能具有波的性质；1925年，戴维森(Davisson)和杰默(Germer)在实验中首次观察到了不久之后被人们认识为电子波之衍射的这一现象，可是，在这之前，他们俩对德布罗意的观点一无所知。1928年，迪拉克在相对论量子力学中提出了关于阳电子的预测，这项预测在安德森(Anderson)1932年发现微粒的实验中得到确证，但安氏早前对该预测也无了解。我们还得算上谷川(Yakawa)在核子场理论中对介子的预言和同时期关于宇宙射线的发现，它们在1938年也由于安德森的实验而得以最终确立。这世上是否存在同样的直觉，将科学家们从条条纵横交错的道路上引向同一实在呢？

直觉始终是不完美的。同一实在的不同图像往往在价值上并不等同，其中大多数只包含了关于真理的模糊甚至是极度歪曲的形式。我们还得看到，其中也存在完全盲目瞎蒙的可能性，这在一切形式的猜想——比如超感官知觉的实验——中其实是相当寻常的。如果不曾得到直觉接触实在后传递过来的启发，我们的思想便只能对呈现在面前的证据做出不真实的和无效的诠释。假使我们现在从街边随意拉来一个过路人，临时命他做研究，情形将会如何？这无疑就能很清楚地说明这一点。

但如果说科学只是猜测而已，那么我们以什么为根据来判断这些猜测孰优孰劣？换句话说，我们以什么为根据来认定一项科学命题为正确——如果这根据确实存在的话？对这个问题的回答将在以后的章节里逐步展开。目前，我们要说明的是：无论是谁，只要你接受自然科学或者自然科学中的任何一部分为真理，那你就必须承认我们具有猜中外部世界事物性质的能力。

关于发现，有两种形式上略有不同的说法：① 发现是思想与那些指向潜在发现的线索自发形成的组织；② 发现是在关联线索的帮助下潜入意识中来的对实在的超感官知觉——当我们假定通常的格式塔知觉中包含一个超感官知觉过程时，亦即当我们假定感官印象通常与对附加其上的意义的超感官传递相随而来时，这两种说法也就一致起来了。正如我们在超感官知觉的一般测试中观察到的那样，这个过程具有不确定性，我们可以将之解释为幻象(illusion)或其他解释上的失误。不过，现在考虑这个问题似乎为时太早，因为我们对超感官知觉的把握仍失之空泛，因此，必须回头对科学发现做一番更贴切的分析。

五

回过头来，我们必须承认一切影响科学陈述的个人判断都具有一个要素。方才，我们从外部审视一个科学家，将其简单描述为一台处在直觉灵敏性(intuitive sensitivity)操纵之下的追寻真理的机器。但这个说法忽视了一个奇妙的情节：到底接受何事物为真，做出究竟判断的不是别人，正是科学家自己。科学家绞尽脑汁，依照个人判断的标准满足自己的要求——这就如同一场牌局，玩家每一回合都根据规则，以他认为最合适的方式自由出牌。或者，换个比方来说，科学家的工作好比侦探、警察、法官以及陪审团角色的总和。他抓住某些可疑的线索，提起诉讼并审查控辩双方的证据，根据自己的个人判断决定适用或者排除这些证据，最后宣判。虽然在这全程中，他的心灵完全不曾保持中立，他对诉讼的结果始终怀有浓厚的兴趣——不过，确实必须有浓厚的兴趣，否则他将发现不了任何问题，当然就更谈不上解决问题了。“坚强的意志力是解决重大科学问题之必需，”波利亚说，“这意志要能支持科学家走过经年累月的辛劳和辛酸的失望。”“一旦预想成真，我们便斗志昂扬；而若满怀信心探索而来的道路突然被堵，我们势必沮丧消沉、意志动摇。”有一种逃避失败的强烈诱惑，它阻止我们对阻挡前路的事实加以注意。起初，科学家们对真理产生了某些直觉性的知觉，接着，他冥思苦想，力图证明这些知觉为真——在这个过程中，他的行动难免过火。《圣经》启示道：“纠正智者，他将因此爱你。”照此说来，如果之前的实验结果所支持的理论在最新一轮实验中看似将被颠覆，科学家应该开心才是，因为如果他确实错了，便能及时得到警告，免于制造一个谬误。可事实往往并非如此，相反，他只会感到沮丧和迷惑，想尽各种法子力图在原有的理论之下解释这些构成障碍的观察结果。

当然，这种忽略障碍的做法也可能是对的，许多时候，我们可以暂且视那些抵触证据为例外，留待将来再行考虑。直觉往往比天天发生的事情更具洞察力，由它在科学家心中点燃的激情可能是相当正确的。这么说来，似乎就应该听从直觉的指引而坚持己见，必要时甚至得搁置一些表面的抵触事实。

我曾说过，人们无法依据任何已知（established）规则去解决这类问题，最终做出何种决定纯粹是科学家自己的事情，他得凭自己的个人判断去抉择；现在，我们发现这种判断还有一个道德层面——高层次的利益总是与低层次的利益相冲突。可见，科学家的判断还是良心的事情，此时，个人判断中已嵌入了对理想的信念和忠诚问题。

当然，在科学界，即使只进行最简单的操作，对科学理想——细致与诚挚的自我批评的理想——的忠诚也是不可或缺的。这种忠诚亦是初踏科学门槛的学生需要学习的第一件事，可遗憾的是，在学习此种科学良心时，许多人只学会了卖弄学问和疑神疑鬼——这卖弄和怀疑可能瓦解一切科学研究的进展。执行任何一条科学规则都不能满足科学良心,因为每条科学规则都只服从于它自身的诠释。举例而言,如果我们去验证某件当前提及的事物,就不涉及我们此处讨论的特殊良心,而只牵涉平常的责任心而已。可如果要我们判断他者的数据可在多大程度上被采用,此时我们就得同时避免太过谨慎和太过大意的危险,那科学的良心就至关重要了。在一切科学决策过程——某项科学研究之探寻、研究成果之公布、接受公众质疑并为之辩护——中,难度将更大,它们都涉及科学家的良心,对科学家来说,其中的每个过程都在检验他们对科学理想的诚意与奉献精神。

科学家们将对自己的一切作为负起完全的责任,尤其要对自己提出的主张负全责。一旦某个论述被别人证实——无论以何种方式、何种途径证实,甚至可能沿着一条提出理论之初完全想象不到的思路对之加以证实——理论的原创者就会宣称自己是正确的。反过来说,一旦他的工作被别人证明为误,他便会有失败感。这时候,他既不能辩称自己已经执行了科学规则,也不能说自己当初是被其他研究者或合作者提供的事实所误导的,同时更不能说提出理论之时尚无法做出确实将该理论驳倒的实验。这些说法都只能用来解释失误为什么会发生,却无法为失误本身做辩护——因为科学家不须遵循任何言传规则,他有权依据自己的判断来决定接受或拒斥任何事实为证据,他的任务不在于实践任何所谓的正确程序,而是要从中得出正确结论。科学家必须想尽一切法子,与他所预测的潜在实在建立联系,这种联系一经确立,即自始至终得到科学家本人科学良心的赞成。因此,科学家得接受一项任务——他们必须对证据的效力表态,虽然这些证据永无法完整;他们还得相信,这种听从科学良心的命令而进行的冒险行动是他们能够胜任的职责,同时也是他们为科学做贡献的恰当机会。

在科学发现的任何阶段里,我们均能清楚地辨别出两个不同的个人因素,它们参与科学判断,使科学判断能够成为科学家自己的事情。某些证据在科学家身上不断激起直觉性的冲动,而这冲动又与证据的另一部分互相抵触。科学家的一半思想不停地提出新的主张,另一半则不停地反对它们，两部分都是盲目的，任哪一部分自行其是都会将科学家引向无限的歧途。不加约束的直觉性思考将导致放纵的任性结果；但对批判性规则的严格履行又可能使发现系统彻底瘫痪。唯有由这二者之上的第三方来做出公正的裁决，方能解决这个冲突。在科学家的脑海里，科学良心的角色就是这超越其创造性冲动和批判性谨慎(critical caution)的第三方。当科学家宣布最终结论的时候，必定要奏出个人责任的调子，我们可以从中听到科学良心敲出的音符。由此可见，科学的基础里藏着道德的因素，对此，我在下一章中将详细阐述。

注　释

[1] Agnes M. Clarke, Enc. Brit., 14th. ed., vol. vi, p. 400. E. A. Burtt 在 *The Metaphysical Foundation of Modern Science* 一书中写得甚为清楚：在那个时代，经验论未曾给予哥白尼之观点任何支持。在该书第 25 页上，伯特写道："这些当代的经验主义者们，如果让他们倒回头去，活在 16 世纪，他们一定会领头嘲笑新的宇宙哲学，把它贬斥得一钱不值。"

[2] 关于这些前提，"书目说明"中进行了简要的探讨。

[3] "书目说明"第二部分中作者对此有进一步的阐述。

[4] 参见"书目说明"第三部分。

[5] 参见 *Telepathy*，第 36 页。

第二章　权威与良心

我们已经发现，自然科学所体现的命题并不是通过精确规则处理实验数据而得出的。起初，这些命题是被猜出来的，基于某些绝非无法避免甚至无法说明的前提而进行的某种形式的猜测；然后，一个通过观察结果巩固命题的过程随之而来，就是这个过程，给科学家的个人判断留下了发挥的余地。因而，每个关于科学正确性的判断中均暗含了如下的假定：我们承认科学的前提，也承认科学家的良心值得信赖。

时至今日，科学前提已被科学家们所承认。这一章中，我将设法揭示这种承认的立足点，同时，我还要向大家阐明，我是如何发现科学家的良心事实上也根植于相同基础之上。

一

科学前提可分为两类。其一是关于日常经验之性质的普遍假定，它们与魔法神话的观点相对立，构成了自然主义的观点；其二是一些有关科学发现及其验证过程的更具体一些的假定。二者皆非天成。原始土著居民脑中根深蒂固地迷信对事物的魔化式解释，然而他们的子女却能够毫无困难地在当地传教士兴办的学堂里，受自然主义的观点熏陶长大。同样,反其道而行无疑也将轻而易举。在一个精心设计的魔化系统中,今日的欧洲人可能被教化成对科学一无所知之人,与原始土著毫无二致。和所有现代人一样,科学家持有的自然主义观点来源于他们少时所受的初等教育。

一个卓越知性过程的前提从来都是无法明确表述的,并且也无法依据明确的规则而传播。当孩子们学习自然主义的思考方式时,他们学到的并非任何关于因果原理的言传知识,而只是学着从我们谓之为自然原因的角度去看待事物。通过对这些诠释成年累月的实践,隐藏在这些诠释之下的科学前提便在他们心中得到了巩固。在孩子们学习用自然主义的语言叙述某个事件时,上述过程中的绝大部分就已经发生了,而孩子学习说话的过程,也为人类思想前提代代相承的原理提供了一个典型的范例。孩子们模仿成人,通过这种聪明的模仿来学习语言。他们将每个语词置于各种语境中加以记忆,直到大致掌握它的意义。接着,他们在阅读和言说中使用这些语词,在成人的示范下用它们写作,以把握其最重要的精旨。尽管这个训练过程可以由规则加以补充,但模仿才是最主要的法则。吸收和学习高等艺术之元素的过程也是如此——学习绘画、音乐等艺术,都只能在实践中学,以聪敏模仿的方式来进行。科学发现的艺术与此亦异曲同工。

大致上说,当前的科学前提教育可分为三个阶段。中小学的科学教育是一些僵死的科学文字,它只能教孩子们以科学术语为工具来阐述(indicate)教条。大学的科学教育开始赋予科学知识活的生命,它试图令学生们意识到它们的不确定性和永变性,尝试给学生一个机会,一个或许能在既定的教条之间瞥见突现的隐性含义的机会。大学也开始了科学判断的教育,教学生处理实验证据,这使他们拥有了常规研究的最初体验。但只有那些具备成为独立科学家天赋的少数人才能在完全意义上领会科学的前提,而且,最初他们往往只能通过与杰出大师的观点或实践建立密切的个人联系,才能感悟到科学前提。杰出的研究学派中能培育科学发现最重大的前提。对聪明的学生来说,大师的日常工作便是在向他启示这些重大前提和指导大师研究工作的个人直觉——他们从中学习大师选题的方式、大师如何择优采用某种研究方法、大师对新线索和突如其来的困难如何回应，大师怎样讨论同事的工作、怎样时刻思索千百种也许根本不能实现(materialize)的可能性——以上种种，诸如此类的日常工作都折射出大师的基本视界。为何伟大的科学家总是出自大师门下，道理即在于此。例如，卢瑟福(Rutherford)的工作中就烙着其师从汤姆森(J. J. Thomson)的学生生涯之印记，反过来，我们又在后来的诺贝尔奖获得者中至少找到了卢瑟福先生的四位弟子。某些科学门类基本上是无法通过感知来传承的，比如精神分析科学——今天的精神分析科学家，不是被弗洛伊德分析过，就是被弗洛伊德分析过的其他精神分析心理学家分析过，几乎无一例外(这或许是现代版的使徒传统)。无独有偶，英国整个碳水化合物的化学研究工作则几乎一脉相承，由柏第(Purdy)、欧文(Irvine)、霍沃思(Haworth)和惠斯特(Hirst)师徒四人完成。

人们唯有持着此处必定存在能被了解之物的信念，方能坚持各种了解它的努力。比如当孩子们相信语言具有意义时，这种信念就会推动他们努力学习言语。对监护人的爱和信赖引导着孩子，令他感觉到监护人眼睛、声音和仪态中闪耀的理性之光，他们被本能地引向这光之源。这样一来，孩子们就被推动着模仿成人向导的富有表现力的活动，模仿愈加深入，对这些活动的理解也就愈发完整。

学习高等艺术尤其是学习科学的基础与此类似。在形成任何真正的关于科学研究性质的理念之前，未来的科学家们总是先被流行的科学作品或学校的科学教育所吸引。初啜科学之杯的这一小口，即便只是干燥乏味或者华而不实的一小口，也能向未来的科学家启示知性珍宝的整个库藏，在他心中激起超越视野(ken)之外的创造愉悦。某种关于重大的合法思想系统和无止境的发现之路的直觉性意识将支持他克服劳苦完成知识的积累，催促他努力洞察各种错综复杂、令人绞尽脑汁的理论。间或，他还能发现一位大师，敬佩大师的作品，将大师的风格与见解视作科学生涯的指南。这会儿，他的思想已逐渐被科学前提同化了，自此以后，对实在的科学直觉将塑造他的知觉，而他也同时学到了科学研究的方法并接受了科学价值的标准。

他坚信在他的知识体系以外，甚至在他能理解的范围之外存在的事物总体上是真实而有价值的——在朝目标进发的每一个阶段里，这信念始终激励着他，令他认为那些事物值得自己付出最大努力去追求。这标志着他承认了他将要学习之事以及他即将师从之人的权威。这样的态度与孩子倾听母亲的语言，领会其中意义时所抱有的态度如出一辙，它们建立在相同的前提之上，亦即建立在学习者对将学之事的意义和真实性绝对信任的前提之上。孩子们如果认为自己听到的语言毫无意义，甚或其中一半没有意义，他们都将不愿意去学习它们。同理，除非先假设科学原理或者方法基本合理，毫不存疑地接受科学的究竟前提，否则我们永远无法成为科学家。早期基督教教父就曾提醒人们这个道理：**信仰寻求理解**(fides quaerens intellectum)。

在学习的过程中，一些与发现过程类似的睿智猜想扮演着基本角色。事实上，学习经典艺术或知性过程的潜在前提是发现的次要技能。理解科学，便得看穿科学所描述的实在，这象征着一种关于实在的直觉，已知的科学实践和原理只是达到此种直觉的线索而已。或许可以说，科学的见习制就是现有科学体系最初赖以建立的整套发现系统的简单重现。

学生逐渐建立起与实在的直接接触，随之而来的就是科学权威之功能将逐步削减。学生日益成熟，他们对权威的依赖越来越少，转而更经常地运用独立的个人判断来树立他们的科学信念。权威日渐失色，学生的直觉与科学良心却日渐承担起更多的责任。这并不表示他将不再借鉴其他科学家的工作记录，这借鉴还将一如从前，只不过从此以后这种借鉴将依据他本人的判断来进行。自此，服从权威将只是发现过程的某个组成部分而已，科学家将在自身科学良心的指引下，对这一部分，也对整个发现过程负起完全的责任。

这就是说,如果不能体现科学的普遍前提,老师的个人观点将永不会,也永不应被学生接受。学生们经过训练应该学会与老师共同分享某个立场,并在此立场之上发展自己的独立。因此,即使在学生时期,亦应践行一定的批判精神,而教师更应乐意培养学生身上的原创意识。不过,这应维持在一个适宜的限度之内,学习的过程主要还是对权威的学习与吸收,必要时可用纪律来强制学习。

很自然地,大师和他的学生之间可能出现冲突。如果某个学生在初步的化学分析中得出某个错误结论之后,便宣称他已完成一项具有根本性意义的发现,那么这个学生将一无所成。这样的学生应当被惩戒,必要时甚至应将他逐出师门。不过,也有些大师总想将研究中的个人之好强加给学生(我就曾在某个案例中遇到此类情形),强迫他们赞同自己的理论,这样的大师更应被坚决抵制。

上述冲突仅是科学生活里可能发生的种种冲突之一,稍后我们将提到其他一些冲突。如果老师与学生间的极端冲突(extreme conflict)十分普遍的话,那科学前提的代代传承便将沦为空话,科学也将迅速消亡。科学的持久存在正说明事实上这种冲突为数甚少,因为总的说来,师生双方对科学都怀有足够的忠诚与值得信赖的视界,这使他们能在科学范域之内寻找到彼此一致的共同基础(common ground)。最终指导科学家行动的科学良心是协调的,这种协调足以保持他们彼此之间的和谐。当然,有些导师失之平庸、迂腐甚或暴虐,还有些被他们自己的个人偏见所误导;而有些学生则在尚未掌握学科精旨时就已不再愿意听从老师指导。但是这些情形并不多见,只要求助于普遍的科学公断,就可以毫不费力地弥合这些问题所造成的裂缝。使用调解的方法或者纪律措施,甚或在不造成更大危害的前提下任其自生自灭,就能令这类丑闻得到消减。

正如我们在其他案例中看到的一样,对科学前提传播过程的最终调整得依靠一个功能良好的科学公断机制才能进行——科学家们为何总能达到如此高度的一致?关于科学公断机制的讨论将使我们在这个问题上认识得更为深刻。

二

科学研究总体机制在科学家之间建立了一种相互依赖和相互制约的联系，它规范发现的实践，孕育和发展科学的前提，而师生关系只是这套广阔的总体机制之一例或一个小小的侧面而已。下面我将为诸位粗略勾勒这套机制的轮廓。

从物质层面而言，专业期刊与书籍、研究基金、薪水以及研究和教学的场所组成了科学的疆域，所有这些全由科学家自行管理。对来自科学世界之外的研究工作所必不可少的资金，科学家们亦能全权处理。我们马上就将看到，这种管理主要包括保持科学的标准、提供机会维持其自动自发的发展进程。

现在，让我们对这管理过程加以关注：

首先谈谈期刊。任一对科学有建设性意义的文献，都只有在付梓之后，方能广为人知；而且若非发表在有声望的科学杂志上，文献被人承认的机会也少得可怜。所以，这些杂志的编审们负责守卫科学领地上所有公开出版物的最低标准，他们根据自己的判断，排除那些谬误或言之无物的文献。

一旦出版，论文就被公示出来，接受全体科学家的审视，科学家们会对论文的价值做出自己的评价，并可能将这评价表达出来。他们也许会质疑或全盘否定论文观点，当然论文的作者也可以起而抗辩。必须经过一段时间之后，某种多少已成定论的意见才能获胜。

在广为人知并最终确立之前，科学文献还得经过第三个验证阶段，即公众审查阶段。在这个阶段中，它将被编入教科书或至少被收入标准参考书里，由此而敲上最终的科学权威之印章，被许可在大学和学校教授中，也被允许在更广泛的公众中传播。教科书通常由权威科学家撰写，至少是由他们编辑。因此，文献能否被广泛接受，总是取决于科学家中那些掌握权威的评论家和教师。

其次，我们要来谈谈科学岗位。今天，活跃的科学追求大多存在于资助性的机构中。在这样的机构里，科学家们取得资深职位之后就可以自由支配自己的时间，使用划拨的经费和赞助从事研究。成熟科学家被赋予的此种独立象征着科学生活的核心，它使少数科学家能完全根据自己的判断主动开辟新的研究思路。不过，也正因为存在这些特权，就更需要严格控制资深职位的任命。科学上的人事安排大体得依据科学公断机制对各候选人已公开发表的工作成果的价值进行的评价来进行；另外，在进行重要科学职位的任命时，我们也会听取权威科学家的意见。这样的做法在特种研究基金的分配与学术荣誉和学位授予中也被采用。

提供给科学研究的一些机会——例如建筑物、实验室、研究基金和津贴（包括全部可利用的资源）——也是在听取专家意见之后设立的。为了确保科学进程在宏观上获得最大程度的发展，管理者要将资源投到最活跃的科学增长点上去。

科学家的威望互不相同，影响力也有层级（hierarchy）之分。不过，非常的权威来自个人本身，而非源自公职。如果某个科学家被认为具有非常的影响力，那必定是因其理论极具价值，常被人引述。当然，他可能被选入了某些管理委员会，但这并非关键所在。科学自治机构多属非官方性质，其决策大都取决于才高望重的专家归纳和表达出的科学公断。为了在科学全域内维持相同的最低标准，这些专家得具有比较不同领域之科学价值的能力。所以，科学家们不仅要懂得评价本领域的工作，在某种程度上还要知道如何去鉴赏邻近领域的成果，这是非常必要的，至少他们得知道关于这方面的问题该去问谁，还要能够对咨询得来的意见做出批判性的评价。这种评价的一致性（coherence of valuation）贯穿科学全域，是为科学统一之基。它意味着任何一项科学的陈述，一旦被某部分科学家承认为有效，即可视为被全体科学家所接受;同时,它也使不同学科的科学家之间具有广泛的同质性(general homogeneity),他们互相尊重,并组成有机整体。

方才,我已经简要地勾画出这个政府的轮廓来了,可是科学政府并不为它控制之下的科学活动限定明确的方向,它的功能不在于发起行动,而在于授予或收回研究、出版与教学的机会,认同或质疑个人提出的文献。科学事业要继续存在,这样的科学政府就必不可少。那么,权且让我们做一纵览,看看这科学政府如何工作。

在上一章里,我已经分析了科学的正确性(scientific validity),认为它是科学独特的质素,不过,科学的正确性绝不是认定某个科学主张应被接受还是应被否决的唯一标准。举例而言,如果我们精确测定某个时刻水在沟渠里的流速,对科学而言,并无贡献。科学的每个组成部分都必须与科学系统有所关联,并且——或者在理论上,或者在实践上——至少得在某个方面对科学有意义。正确性、深度和本然(intrinsic)的人类利益——三者联合奠定了评价科学成果的基础。

此刻,请诸位设想一下:假使我们对公开出版的科学文献之价值不加任何限定,结果将会如何?虽然不加限制,但由于篇幅所限,杂志的编者还是必须对稿件进行甄选。这时候,我们只能应用一些中性的办法——比如抽检——来甄选稿件了。顿时,垃圾文献充斥了所有科学杂志,那些有价值的作品反而被扫地出门、不加一顾。思想古怪的异人到处都是,他们投来许多不知所言的荒唐稿件。幼稚的、混乱的、怪诞的、单调乏味的、平淡陈腐的,以及其他一些缺乏时代性的文献将汹涌而来,因为所有骗子和拙人——那些欺骗别人或者自欺之徒——都渴望功名。如此一来,刊登出来的尚有价值的文献本已所剩无多,却又埋没在大量华而不实、漫不经心的文章里,鲜有被认可的机会。今日的科学家们借以相互影响的迅捷可靠的联系也将就此中断,他们从此将陷于孤立无援,相互间的信任与协作也会悄然解体。

此事已经无须赘言。除非我们能确保职业教师和研究工作者永不缺乏某个等级的科学资格,否则整套对科学机构捐赠的系统必将在一团混乱和腐败堕落中瓦解。许多不发达国家的科学公断体系尚不完善，它们的经验启示我们：即便只是相当细微地削弱对科学的控制，也会对科学活动的完整性和效率产生负面影响。

显而易见，自治科学机构在捍卫体现与传达科学前提的有组织的科学实践上是有效的。但是，自治机构的功能主要仍是保护和调节，而且，我们马上可以看到，这种功能本身就是基于科学家之观点间所固有的普遍和谐而存在的。因此，一旦把注意力直接投诸科学家之间观点一致的趋向时，我们也就更贴近科学的真实基础了。

三

在现代科学中流行的公论(consensus)确实值得大家注意。诸位不妨细细品味如下事实：每位科学家根据自己的个人判断而相信某个科学观点，所有人都负责任地寻找问题，以自己的方式求解；每一位科学家都听从自己的个人判断，不停地提出并验证自己的结论。发现恒常发生作用，在每个时代深远地重铸科学，而尽管极端的个人主义始终在为数甚广的不同科学分支里活动，尽管这些分支又都被卷入一股普遍的潮流之中，我们还是可以看到，科学家们在大多数的关键点上，总能取得一致。虽然他们之间的论战永无终止之日，但亦鲜有经多年争论仍无法形成公论的科学问题。

科学家们各自持有的科学观点之间存在某种和谐，这和谐表现在他们处理科学事务的方式上。我们已经发现，科学世界中并不存在凌驾于整个科学生命之上行使权力的中心权威。在科学事务中行使权力的是那些当时当地恰好被正式引入或推介而为科学事务仲裁者的科学家们，他们在科学生活的许多分散的点上行使权力。而且，总的说来，这些科学家在各自的点上分别做出的决定并不抵触，相反，总能达成广泛的一致。如果我们邀请两个科学家在不知情的情况下对同一篇文献的价值进行评审，通常总能得出非常近似的结论；两位仲裁人对某人的升级申请所做出的独立报告，也很少出现大的分歧。公开刊登的科学论文成千上万，篇篇要经过千万科学读者的审阅，之后或许才会有某个读者以某种理由为据主张某一篇文献不够标准。英国皇家学会（Royal Society）有 400 多名会员，其中很少有人被他们的科学同事认为明显不合格，也从未听过其中有人抱怨其他会员的主张受到令人震惊的冷落。在大学教授或其他拥有同等职位的人群中，情况也是如此。

每当遭遇冲突时，流行于科学家之间的公论趋向反而显现得最为明显，这听上去或许有些自相矛盾。每位科学家都渴求取信于同行，急切地希望他们信服自己的主张。即便一时未能如愿，他仍相信自己迟早能做到这一点。不过，这种渴求只在面对科学家之时存在，他并不介意音乐家是否关注他的主张，也不指望音乐家相信他是对的，而他只关心科学家的评价，他相信他们终将认同真理，这种关注和信念意味着他的思想与他们的思想源于相同的科学前提。若使他信服的证据未能同样使他们信服，他将十分困惑，不过他仍将坚信这些证据最终会令他们信服。

科学家提出的主张无论多么具有革命性——比如相对论、心理分析、量子力学或超感官知觉等创立于当代的学说——总会遭遇科学公断体系的某些反对意见，此时他将求助于另一些他认为**应当存在**的科学公断，以借此对抗那些反对的声音。即便某个新的发现——例如上文提到的那些发现——可能嵌入对科学的传统基础的重考，这个先驱也还是得求助于该传统基础本身，以之作为他与反对者之间论争的共同依据；而反对者们自然也能接受这些前提。如果先驱将更早的先驱引为范例，他们更乐意；巴斯德（Pasteur）、塞麦尔维斯（Semmelweiss）、李斯特（Lister）、阿列纽斯（Arhenius）、范特霍夫（Vant Hoff）等，他们都曾在各自的时代挑战当时盛行的科学观点。时刻警惕，以免错误地压制某些伟大的发现，这也是科学传统的一部分，因为这些伟大发现最初往往可能因其新奇而显得有些荒谬。因此，即使发生了最深刻的分歧，科学的革新派与保守派仍然固守同一个科学基础，他们之间的冲突总能在一段相当短的时间内，被以全体科学家都能接受的方式加以解决。

至此，科学家之中自动自发的一致性（coherence）趋势之根源也就更加清晰了。科学家们用一个声音说话，只因他们受同一传统熏陶。在此我们看到了一种更广泛的联系，它存在于建立在普遍传统之上的整体科学生活系统之中，师徒关系只是其中一个方面而已，科学前提正是由其维护和传递下来的。这就是科学前提建立的基础，它们正是体现在某种传统——科学的传统之中。

科学家们共同接受了一种传统，他们彼此信任，深信别人也受同一传统的熏陶——科学的持续存在已经证明了这一事实。假如他们惯于将多数同事看成骗子或江湖术士，那么科学家之间富有成效的论争将无从谈起，他们也不再可能接受和借鉴彼此的研究成果。于是，有赖于学者互相合作而存在的科学进程将从此中断。接着，出版、教材编辑、培训新人、人事任命和新科学机构设立等程序将纯粹由那些当时碰巧能决策的人随机决定。至此，我们再也无法辨认任何一项陈述是否科学，更无法将任何人描述为科学家，事实上，此时科学正在走向末路。

一旦科学公断的一致性被破坏了，那么无论树立任何一种中心权威（central authority）也无法将之修复。比如，当我们授权皇家学会主席为每一道科学问题做最后的终审判决时，他所做的绝大多数判断无疑就失却了科学的价值，因为一切科学进程将从此被切断。所有的科学家，只要对科学尚存热爱，都不会参加任何执行这类决定的科学机构。在一些通常运行良好的部门和其他大规模的组织中，我们也可以发现这种影响的迹象：在这些部门和组织中，由行政上级向他们旗下的成熟科学家分派研究任务，而此时如果上级试图将自己的个人观点强加给下属——事实上他们常会这样做——那下属的处境就变得苦不堪言了。对任何痴迷科学发现的人来说，加入这样一种组织便是一项巨大的牺牲。

除非我们确实理解科学公断仅只能暂时和不完全地代表科学的传统标准，否则，由科学公断所指导的科学事业永远无法成功。希望得到科学公断指引的科学家切不可在一开始就试图招徕科学同行的认可。虽然他的收入、他的独立、他的影响，事实上包括他在世界上的整个名望自始至终都取决于他在科学公断那里具有多大的信用，但他绝不该将赢取这种信用作为首要的目标，而只能将契合科学标准作为自己的追求。试图抄近路去获取科学公断信任的做法反而可能将你引入远离高尚科学的歧途。有些人不公布整个真理，而只是宣扬某个看似有趣、似是而非的小故事——真理的一小部分——再加上一项直接的小发明，这种方式也许能在最短的时间内给科学界留下印象。在这样的例子中，如果当事人再精明地将一些模棱两可的东西做些伪装，夹入他的作品之中，那我们就很难将之推翻；若是在一个需要艰辛劳动、克服重重困难完成实验才能复制作品的领域里，它们或许多年都不会遭遇挑战。在最终被揭露之前——如果能被揭露的话——这种骗术能为当事人树立起客观的名望地位，或许还能为之在大学里谋得舒适的教席。假如每天清晨开始工作之时，科学家们便处心积虑地要这种能帮他安稳地赢得好职位的小把戏，那么很快，那些能戳穿此类骗局的有效标准就将烟消云散；一旦某个科学群体中每一位科学家都只为取悦科学公断的眼光而行事，那他们试图取悦的科学公断就会无处可寻。唯有当科学家们坚持对科学理想的忠贞，而非仅追求成功赚取同行的信任之时，他们才能组成一个坚持科学理想的共同体（community）。纯粹依靠迎合科学公断的真实需求来维持约束科学家行动的整套纪律是不够的，还需加上道德信仰的支持，这里所说的道德信仰滋生于人类献身科学的信念，它预备在现有科学公断体系之外独立运行。

理所当然，维持科学生活的秩序也需借用一些强制手段。为了避免被未经授权的人士使用或干涉使用，科学生活的所有物质内容——科学期刊、教科书、研究基金、实验室、报告厅和带薪职位——都必须在特定的场合才能使用并得到合法的保护和支持。强制措施还被广泛应用到各种大学教学管理和实验室行政管理事务之中。但是，科学团体中富有创造力的秩序并非仅是冲突——在有组织的势力与狭隘地追求本己私利的个体之间冲突——的结果。科学家们必须意识到自己有支持科学理想的义务，并在此义务的指导下行事——行使自己的权威或服从同行的权威，否则科学必将消亡。

那么，当科学前提被科学共同体(scientific community)普遍接受时，似乎每个成员都必须以献身科学的行动表示对它们的赞成。这些前提不但指导直觉，也指导良心；不但具有启示作用，也具有规范作用。也就是说，如果必须从根本上支持科学传统，那就必须将之视作无条件的绝对需求。科学传统是一种精神实在，只有在科学家们为它工作之时，它才能为他们所用，那是一种凌驾于科学家之上，强迫他们为之效忠的精神实在。

之前，我曾谈到科学良心，把科学良心看作调解直觉性冲动和批判性程序的规范法则和师徒间关系的最终仲裁者。现在，就让我们来看看，科学共同体如何在培育共同科学理想的过程中组织起社会成员的科学良心。

通常，科学家们在感情上和道德上最终向科学臣服总要经历几个不同的阶段，让我们对这些阶段逐一回顾。在真正理解科学真谛之前，年轻的心灵初次走近科学，一股对科学的热爱、对科学之重大意义的信仰激励着这颗心。有了对知性权威的这种初步服从，他才会刻苦汲取科学知识。下一步，这个渴望成为科学家的年轻人得将一些伟大的科学家——一些健在或者去世了的科学家——树为自己的榜样，寻求从他们身上获得自己未来科学生涯的灵感。在很多情况下，年轻人都会追随某位大师，向其尽情表白自己的崇敬和信任。不久之后，他将投身于追求发现的活跃行动里，深深沉迷于解决某个问题。这时，他得竭尽全力追求对实在的真实感觉，以避免自欺，为此，他或许要痛苦地拒绝成就感——由某种不怎么可信的东西所带来的成就感——的诱惑。在宣布自己终于完成某个发现之前，他须先聆听发自自身科学良心的声音。岁月流逝，他的科学良心也日益成长，担负许多不同的新功能；他的科学良心诠释他的科学理想，而他则在科学理想的指引下做出判断——发表论文、批判同行的论文、向学生演讲、选择一些职位的候选人等等，以诸如此类数以百计的不同方式做出判断。最后，他成为科学管理系统的一分子，将自己的爱和关怀扩及每个原创性努力，以此培育科学的自然成长。此时，他将再一次臣服于实在，臣服于科学的本真（inherent）目的。

科学共同体的全体成员——每个科学家共同做出的这些不同形式的服从无疑强化了他们的力量。正是由于确知对科学理想的同等义务为所有科学家普遍接受，他们更加坚持对科学理想之实在的信念。当每一位科学家都基本信赖他人作品中传达的信息，预备直面自身的科学良心来担保它们的可靠性，并据以建立自己的观点之时，个体的科学良心就得到了他者的广泛担保。这么一来，一个科学良心的团体——有组织地共同根植于相同理想的团体——就出现了，它体现着这些理想，并成为这些理想之实在的鲜活明证。

四

科学工作的艺术何其广泛和繁多，需要众多的科学家——他们中的每一位都只能培育其中的某个细小分支——才能将之代代传承下来。因此，科学得以存在，或者说得以持续存在，只因其前提能够被体现在某种普遍取信于整个社会的传统之中，这个道理同样适用于任何可以穷个体一生去追求的复杂的创造性活动。让我们以法律和新教为例，它们之所以能有绵长的生命，正是因为它们根植于一些与科学传统结构类似的传统——现在，让我们将法律或宗教纳入下一步的讨论中来，这将有助于我们理解即将谈到的更普遍的社会问题。

我们已经看到，科学先驱们——尽管他们坚持科学植根的传统——不断地改革和完善着科学。每一世代的科学家总是根据自己的独特灵感应用、更新和巩固着科学传统。在法律领域之中,法官们从过去的判例中引申出法律的原则,在自身良心的指引下将这些原则创造性地适用到各个具体的案例中去。当然,法官们在适用这些原则的同时,也悄然地对一些细节进行了修正。《圣经》在新教徒眼里的地位变化亦同此理,他们既可以将《圣经》作为富有创造力的传统而执守,也可以在新情势下听从自身良心的召唤对之进行重解。尽管教徒们坚信《圣经》之所载向自己昭示了一些道理,但他们同时也相信只有当自己的良心也认同这些道理时,《圣经》方才具备完整的信仰价值,人之良心甚而可以用来驳斥《圣经》中一些精神上略失贫瘠的细部。

这种创造性的更新过程始终在向我们暗示:我们所求助的传统是**应有**的传统,而非**现有**的传统,那是一个体现在传统之中而又超越于传统之上的精神实在。它表达了对这个权威(superior)实在的信仰,愿意为之献身。方才我们已经领略了这种奉献精神在科学的入门阶段建立起来的全过程,而在法律和宗教领域中,我们也能看到类似的启蒙和献身行动。不过,这些不同群体的思想活动致力于培育他们各自的传统,其间的相似性似乎已经得到了充分论证。

以科学、法律还有新教领域为例,这些现代文化团体都服从其自身的评价体系。科学公断、法律理论以及新教教义均衍生于一个普遍传统之上,并由独立个体的公论所形成。诚然,法律和宗教领域里都盛行一套由权威中心制定的官方教条,这在科学里几乎是完全不存在的。这里的差别十分显著,法律和宗教生活必须服从这种强制,不过,法官与牧师的良心依然负有重要的责任,它得确保他们依照自己对法律或教义的理解行事。科学生活、法律生活和新教生活似乎是与天主教生活大不相同的生活方式,在天主教的教义中,信徒们无权依照自己的良心去诠释教条,权力留给了教徒的忏悔神甫,只有他们才能做出最终的判断。两种权威的深刻差异就在于:前者预设普遍前提,我们可称之为普遍权威;后者则强加最终结论,即特定权威(specific authority)。

我曾假设存在一位能对所有科学家发号施令、强加最终结论的皇家学会主席，从这个假设中可以看出两种权威之间的差异是决定性的。建立一个凌驾于整体科学之上的命定权威必然对科学产生毁灭性打击，这正如科学的持续存在必然需要由科学公断正常运行而自然形成的普遍权威。对这两类权威进行更深入的分析可以进一步阐明科学和其他领域中权威与良心的关系。

在第一章里，我曾区分两类规则，虽然着墨不多，但已经分析得相当明了了。例如，我已说明我们不能单单根据任何一种精确规则揭示并论证一项科学命题，而只有那些体现了科学研究艺术的模糊原则方能做到这点。当然，这些被视为体现了研究艺术的原则中有一部分是非常严格的，但即便如此，这些原则终会留下重要的余地，甚至是非常广阔的空间，供个人判断自由驰骋；相反，九九乘法表等言传规则就几乎不留个人判断发挥的余地。两种规则微妙地交错作用，但也无法掩盖二者之间的差别。

既然艺术的规则无法精确表述，那么就只有通过教授体现这些原则的实践才能把它们传教给后人。在大多数创造性思想的领域里，这种教习包含在那个传统在世代之间传承的阶段之中，每当这个阶段来临，艺术的规则便可能在某种程度上被重新诠释。因此，弄清这个阶段里发生的事情是非常重要的。

我们该如何解释某条规则？能否利用另一规则来诠释它？规则的总数是有限的，这般推演下去，我们很快就会走到尽头。倘若我们已把所有已知规则编辑成典，当我们想重释（reinterpretation）这部典册时，马上就会发现，它并未包含重释活动所需利用的一切规则。

由此可见，每次重释都将引入一些全新的元素。也就是说，在传统代代相承的每个阶段中，如果缺少了全新元素的注入，传统的创造性思考进程便无法向前推进。从逻辑上看，我们可以换句话来表达这层意思——在传承传统的每个阶段中，如果不引入一些完全原创的诠释性判断元素，传统就无法运作。

为了说明以上问题，暂且让我们回到法律、宗教、政治、习俗等领域去。这些领域时时都在发生无数的例常决策，显然，这种决策并不需要多大的创新，不过，当中还是存在许多需谨慎从事的模糊案例，即使在一些最普通的案例里，也因卷入了一些细微的区别元素而需要个人判断的参与。在科学、法律、宗教等领域的各种模糊案例里，人类的决策行动和每次决策中都须涉及的个人判断一刻也不曾间断地修改着这些领域的主要原则。除了这种稳定无声的重铸文化遗产的改革外，伟大的先驱们也倡导着有力的创新。以上种种行动，共同组成了传统运行进程的基本部分。

科学、法律等领域盛行普遍权威机制，而天主教则奉行命定权威的机制，两者之间的主要区别在于前者将传统规则的解释权留给广大的独立个体，而后者则将此权力交予权威首脑。普遍权威体制信赖团体中的每个成员，相信他们的良心指导他们的直觉，这直觉的冲突创造性地推进着传统渐进性的改革，而普遍权威本身或多或少只是团体的普遍评价——科学的评价、法律的评价或者宗教的评价，由所有团体成员献出的评价交互融合而成——的有组织的表达方式而已。这种权威体制假定团体中的每个成员都能与潜藏在传统之下的实在真实接触，也有能力对其注入新的真实的诠释。在这种机制下，革新将在遍及团体各处的许多分散的点上萌生，其中每一点发生的革命都可能在某个特定的时段引领全局。在命定权威的体制中，情况则正好相反，所有重要的重释和革新的声音都从权威中枢发出。他们认为，只有这个中枢能接触到现有传统萌生与革新的根本之源。因此，命定权威不仅要求成员为传统教义献身，还要求个体的究竟判断都须服从正式中枢所做出的谨慎决定。

此处突现了两个完全不同的权威概念，一个呼唤自由，另一个要求服从。在第三章中我将讨论更为广泛的社会问题，那时这个对比就显得很重要了。

此时，我们需对隐含在普遍权威之下的传统投以进一步的关注。

既然我们假设存在一种允许每一代人依据自己的判断力诠释共同遗产的自由，那这自由似乎就已带着彻底的分裂性。此时，我们已承认某个特定时段一群自称为科学家的人们有权切割或更改传统，依据他们自己的判断拿捏传统。既然如此，我们怎能再说传统是科学前提立足的坚实基石，是培育科学家科学良心的肥沃土壤？我们承认，科学家们（包括律师和牧师们）不像是会任意扭曲传统，将之变成滑稽模样的人，因为他们早先都曾接受传统的熏陶并献身传统。可是固然如此，新问题仍层出不穷，例如当前科学中所出现的超感官知觉的学说，或是自由研究同国家安全之间的冲突。毕竟，自由允许每个世代的科学家完全本着自己的责任感进行抉择，各自对传统产生持久的影响。那么有无措施能够预防武断决策？而且，既然判断以此方式做出，那这些判断有何效力呢？

无论目的为何，任何权威的树立都将摧毁科学，所以我对此问题的答复是——这类决策中可能出现的失误根本无从防范。唯有每个独立科学家皆被信任为有能力陈述自己的观点，由这些观点发展而来的公论亦被赋予断决任何科学问题的权力之时，科学才能存在——这是科学的本质所在。从这个意义上说，科学公断体系就具体科学事务所做出的任何决定都须本着诚意而做，才具有效力；任何时期的科学家，只要遵从良心行事，便是科学遗产合法的绝对主人。抉择之前，科学家们必须倾听他人的意见，有时也须听取民众的看法；他们要谨记前人的教训，也要加强与各地科学家的交流与学习；得出结论以前，他们还要来回掂量自己的结论可能产生的后果。不过，所有这一切——程序以及从程序中导出的结论——都取决于他们自己。当科学家们满怀对科学的责任感而工作时，这责任感将使他们拥有一种洞察力（insight），那是一项最为珍贵的高尚惠赐，他们的全部任务就是依此洞察力而行事。从本质上说，科学家们的决定原本就是崇高无上的，并不存在任何足以推翻其个人判断的权威。

这并不是说科学公断先天就完美无瑕。不，科学家们不断地在犯错。如果我们回顾科学史，这些错误清晰可见。例如，今天，我们已可洞悉梅耶(Jnlius Robert Mayer)、塞梅尔维斯(Semmelweiss)或巴斯德(Pasteur)等一些伟大的先驱在他们的时代曾经如何被冷落，其伟大发现又是如何滞后才得到承认；我们亦能轻而易举地在过去的时代中辨认出一些灵感活跃和灵感相对僵死的时期，前者可以17世纪为例，后者则出现在18世纪的某些时段。另外，我们还可以比较不同地区的科学风格，有些地方显得张扬卖弄，而另一些地区的科学风格则过分懒散与松弛。可见，无论是当代批判还是后世对其进行检讨，科学家所做之决定都有无穷的地方可供指摘，但这些批判分毫未损科学家个人抉择的效力。合法决定始终是正当的，尽管它经常出错。

当然，我们先得承认科学从总体上看是真实且意义重大的，否则科学公断将毫无意义，其效力更无从谈起。当然，我们还可以赋予法律论断以及某个流派的宗教论断以同等的有效性，但我们可能就不能说占星术的论断或者天主教的论断也同等正确了。如果我们信仰科学，我们就得承认科学公断整体有效，虽然人们在对任何命题进行究竟判断之时终归会加入一些个人判断。

迄今为止，我们所探讨的是科学家们坚持科学前提的最终基础，在此基石之上，他们听从良心做出抉择，与所有信奉科学的人们一起，承认其他科学同事所做结论之效力，并通过信任科学家的观点整体为真而承认科学本身为真。为什么科学家和其他人会信仰科学，而不皈依占星术或天主教之类的信仰，原因尚不得而知。因为，虽然科学家自己认为科学是**有用的**，可我们并不能说这信仰就一定比占星术士对占星术的信仰或教徒对《圣经》的信仰高明多少，在信徒的眼中，信仰总是正确的。

我将在下一章里尝试寻找某种根据，希望我们能依此根据在对等的自然之诠释里做出选择。当然，与科学前提比较而言，这种选择的达成得满足更广泛的前提——包括满足科学的前提。可以想象，即将讨论到的这个广泛前提将涵盖广阔得多的知性生活（intellectual life）领域，事实上它包含人类社会的全部知性生活，而科学世界只是其中的一个部分而已。我们无法探究这个广阔领域里的每一个细节，但依据科学领域的内在生活来判断，该广阔前提必有一个根本的特质——自由。如果说发现科学真理的方式能够启迪我们如何发现关于科学的真理的话，那么实现发现进程的特定社会一定是以自由为基础建立起来的，而为了揭示维持这种自由的环境，我们将在下一章中深入探讨科学领域维持自由的方式。

第三章　奉献与奴役

一

自由的脸上始终横着一个古老的问号。为了阻止那些无法无天的冲突，我们需要一种至上的权力。可是既然这权力崇高至上，如何才能预防它压制自由呢？我们既要它消除纷争，又不希望它压迫自由，能行吗？行政管理权力似乎应是至高无上和绝对的，可这样一来，自由何处容身呢？

不过，我也说过，在有组织地存在的社会团体——科学世界里，自由无处不在，它甚至还是维持这个组织的要素。那么，这又从何说起呢？

科学王国的主权并不特属于某个统治者或管理机构，而是被分解后，交予每个独立的科学家。每当科学家们听从自己的良心和个人信仰得出某个究竟结论，他也就当了一回科学王国的首脑，以自己的方式完成了一次对科学主旨和科学生活秩序的塑形。但是，如此这般行使权力的过程同时也势必尖锐地侵袭科学同行的利益。尽管如此，我们仍不需要某个至高无上的力量来对无数个体所做的这些结论进行究竟仲裁。科学家之间的分歧无法避免,甚至会出现非常尖锐和激烈的分歧,但他们都相信科学公断体系将对这些分歧做出究竟的对错裁决;他们更乐于把裁判是非看作科学公断体系的事儿。正因为人人追寻科学理想,依从自己的科学良心而谨慎行事,科学家们才会承认由个体结论合成的科学公断的正确性。这种对科学公断的绝对服从为每位科学家留下自由的空间,因为在此框架下,人人保有依个人判断自由行事的权利。人们都心怀对科学理想之实在的普遍信仰,完全相信同行们下结论时的诚意,这就完全消融了自由概念之内存在的科学家之间的矛盾。此处,科学公断体系成了科学王国的"政府",也可以说是"普遍权威",但从本质上说,这权威也只能是守卫自由的前提。

谈到这里,我们想起卢梭提出的自由概念,他认为自由就是对普遍意志的绝对服从。这么看来,全体科学家为追寻科学理想而奉献的过程也可被看作某种"普遍意志"统治了科学家团体。不过,这里的"普遍意志"似乎已被赋予了新的意味,其独特之处在于这个"普遍意志"的目的无法更改。假若科学家们突然对科学热情全消,转而对饲养灰狗产生了兴趣,那么他们就不再能继续组成一个科学共同体,因为科学生活结合而成的这种结构无法完成合作饲养一群灰狗的工作目的,除非"科学家们"再次重组,形成全新的非科学共同体的组合。科学社会不是,也不可能是由一群起初决定附随于某个"普遍意志",不久却又试图通过导引此"普遍意志"的方向而指挥科学发展的人们组成。与此相反,科学生活向我们确证的是这样的过程:对某一套**明确**原则的普遍接受使某个团体得以形成,这套原则统治着这个团体,一旦原则被否定,团体将自动消亡。如此说来,这里的"普遍意志"岂不是个相当容易产生歧义的虚无缥缈之物?不,实际情况是(假如科学之例能对我们有所启发的话):团体成员对这些原则的自愿服从必定会产生一个由该套原则统治的共同事业,其主权平稳地在这共同事业的每个个体手中代代相传,他们献身于这些规则,本着自己的良心在各自的时代诠释并应用它们。

如此说来,“社会契约”(social contract)也被赋予了新的意义。与霍伯(Hobble)所谓的“为某种至高无上之统治者奉献”和卢梭所喻为某个抽象的“普遍意志”奉献不尽相同,在科学共同体中,人们将自己作为礼物奉献给一个特定的理想,终身为其工作。对科学之热爱、创新之冲动和献身科学标准之愿望——这三者是科学新人将自己寄托(commit)给科学的前提。他们投身科学,学习一个建立在整套基本要素基础上的知性过程,日益成长为这些根本原理所存在的社会里的一个成员。从此,他的承诺(commitment)中就将包括接受孕育那套根本原理的原则,他完全接受了这个特定的传统,愿意终其一生为这理想工作。

科学家需要独特的禀赋,缺少了它,“社会契约”将毫无意义。同样的道理,如果缺少了诚意——比如对那些骗子或动机不纯的新手来说——这契约也就无效力。关于科学共同体用来将生手、骗子或者怪人拒之门外的措施和方法,我在上文中已经有所提及,但我还想指出另一个相当重要的问题:在实施这些措施和方法时,我们得留心辨认具有革命性特质的先驱人物,他们早在初入科学的社会契约之时,便是怀着革新的目的而来。的确,身陷“社会契约”的复杂关系中,意欲清晰分辨是相当困难的,但因这契约在根本上的清明(clarity)已融入他为特定精神实在献身的行动之中,将不会因此困难而些微蒙尘。

显而易见,这种献身行动象征自由之义务,确保科学家依从良心行事。此处的自由相当特殊,详细考究,它似乎应是依照特殊义务行事的自由。正如人们若无法承担普遍的义务,自然无法享有普遍的自由,这里所描述的自由就必须建立在一方明确的良心基石之上。

二

现在，让我们跨出科学世界，将视线投诸更广阔的社会情境加以分析，看看若要做出正确判断——将科学看作一个整体的话，我们究竟该接受还是该抛弃——我们究竟需要何种自由？

纵观整个现代史，科学给普通民众留下了非常深刻的印象，而人们对科学的热衷也一直盛兴不艾（如果不说它最强的话），正是科学里的知性因素，尤其是牛顿力学中的知性因素唤醒并取悦了广大民众。回顾刚刚过去的四个世纪，不难发现，每个思想门类都在科学发现的影响下进行着渐进式的彻底革命。中世纪的人们曾经试图借用古希腊的亚里士多德（Aristotle）和阿奎那（Aquinas）的思路在自然现象中探索神的意旨，这思路现如今已被人们抛弃了，神学也不得不收回其原来抱持的对自然物质世界的所有看法。然而某些奇迹的发生却得到了确认，特别是赋身与复活的奇迹，只不过现在的新教徒们学会了用象征性方法重新诠释这些奇迹，而不是明确地对抗自然主义的科学观。18 世纪早期的人们仍然十分迷信的巫术今天早已被人们抛诸脑后，就连占星术也不再得到官方支持了。可以说，我们关于人类和关于社会的看法已全盘改观。

科学之征服牺牲了一些其他的精神满足，它们与征服科学所得的满足感比较起来显得羸弱。每当我们用一个新的意义形式丰富世界的时候，不可避免地要失去另一些意义形式。当年，伽利略率先挑战亚里士多德的权威，然而他亦对那些因珍爱经院哲学（scholasticism）的经典和谐而心怀苦痛的人们表示了真挚的同情。那些科学未能满足的精神欲望时常有反扑之势，这丝毫不足为奇。例如，在病理解释和疾病治疗中，基督教信仰疗法直到今天仍能与现代科学一较短长，另外一些非正统的治疗理论和方法也依旧大行其道。科学所不齿的某些异端，比如占星术和神秘主义(occultism),仍拥有相当可观的信徒。事实上,在关于自然的解释上,流行的科学权威始终保持开放,迎接来自不同异端的挑战。该如何正确评价这些异端思想——这问题始终困扰着我们的良心。

在一门有组织的科学门类内部,人们能够开展系统有序的争论,然而,若是人们对同一个经验领域的根本观点相左,由此引发的争论就不可能如此秩序井然了。每当遭遇互相对立的科学理论或者相互歧异的《圣经》解释,人们通常会以各自专业评价的眼光对它们进行明确测试,得出结论。但是,如果我们试图在自然主义关于人类的观点与宗教关于人的看法之间找到某个关联——我们希望在此关联之上,能使用相同术语对上述两种观点进行明确比较——却是极端困难的。两个相互对立的观点之间根本上的共通之处愈少,争论就愈漫无边际;并且,争论将不可避免地沦为论辩双方相互拉拢的努力。论证者基本上只能仰仗某种理性或者精神价值而在对手心中留下印象,他们试图将对手立场的普遍不足暴露无遗,并以己方观点之美好图景(perspective)刺激对手。他们认为一旦对手看到这些,必将情不自禁地堕入一种全新的精神愉悦之中。他们坚信这愉悦会深深诱惑对手,最终将之拉入自己的阵营。

可见,在不同前提的两种观点间进行抉择之时,意志扮演着重要的角色,它比起在两个相同或相似基础之上做出的诠释之间抉择需要更深的直觉与良心的参与,科学上的发现即牵涉这种判断。回顾科学研究的整个过程,我们看到,在最终宣告发现成熟之前,坚韧的意志显得多么重要!许多时候,表面的证据似乎与我们的直觉不符,但此时若我们把自己的直觉性展望进行到底,结果却往往是正确的。不过,在一切此类矛盾中,意志并不能对个人判断起到最终的决定性作用,我们只能聆听着良心平静的声音来做出自己的究竟判断。与此类似,某些心理危机令人们由某一前提皈依另一前提,这种危机往往由强烈的意志冲动所主宰。信仰之转变可能不为我们的意志所控而悄然来临——让我们看看奥古斯丁的例子——人们也可能调动自己的全部意志力寻求信仰皈依,历时多年却徒劳无获。我们的良心会唤醒意志力,或者令其声援良心之观点,或者是直接将我们推向与良心之观点截然相反的方向,但无论哪种情形——除自欺是由意志力引发之外——任何真诚的信仰都不是单由意志力所引起的。做出究竟决定的仍是良心。

由是,我们终于遭遇如下问题:在自由社会中,怎样的前提方能指引良心做出此类决定?我们是否还能在其他领域中再找到一门将这些前提——如同科学前提一般——体现出来的实践艺术?我们能找到一种使这门艺术世代传承的传统吗?能找到一批保存并表达这门艺术的机构吗?答案是肯定的。在自由辩论的艺术之中,我们看到了深藏的公民自由(civic liberty)传统,而大量的民主机构则充分体现了这门古老的艺术。在英国、美国、荷兰、瑞士等国家,自由辩论艺术、公民自由传统和民主机构最早得到确立,并且也最为行之有效,这些国家至今仍保持着上述传统和机构的最纯粹形式。

自由辩论最主要的原则有二,一曰公平(fairness),二曰宽容(tolerance)。当然,这两个词在此处的使用多少有些特殊的意味。

公平象征某种追求辩论之客观性的努力。当某种信念的表达式灵光乍现,必定呈现循环论证(question-begging)的条件,此时,我们可能正热情高涨、激情四溢。可是为求客观,我们必须逐一厘清事实、论断和激情,并以此顺序将这三者明确分立,然后,我们才可能分别审视和批判它们。这样一来,己方立场将全盘开放,展现在对手面前,这个环节无疑是痛苦的,它将打断我们口若悬河的预言,而我们的主张在这过程中被最大限度地削弱了。不过,这是公平的要求。同时,我们还得坦率地直面个人知识背景的有限性,承认自己脑中尚存偏见,从而才能坦诚接受对手的正确观点。

"宽容"一词则是指一种善于倾听对手不公平言论或敌对言论的能力,从中探寻真确的论点,分析对手错误的因由。必须承认,洞开心灵、耐心倾听那些似是而非的论点,可从中找到微小的真理颗粒的机会又少得可怜，这实在是件相当恼人的事情。并且，一旦我们承认其中某些细部的观点为真，又必会强化对手的立场，甚至可能被对手用来不公平地反驳我们自己。所以，须有相当强的宽容力才能做到这点。

在维持公平与宽容的过程中，广大民众的角色至关重要。思想领袖之间进行论战与其说是为了说服对方改变信念，不如说是为了游说更多的支持者。除非听众具备坦诚而客观地欣赏辩论、抗拒虚假诡辩的能力，否则，人们几乎无法在一场公开的论战中坚持公平与宽容。可见，一场真正的自由辩论绝少不了睿智的公众，他们迅速分辨出虚伪的言说，坚持要求稳健温和的陈述，他们呼吁演讲人坦诚地挑明自己在陈述中究竟糅入了多少个人观念的元素。这么做，既是为了维护本我(own)心灵的平衡，同时也是将之作为自己抗拒诱惑、坚持清明与尽责的思考的象征。

重要的文化领域通常都以整体形象出场，向公众寻求支持，而公众也相应地将“科学公断”或“宗教教义”当作一个整体来决定是扬还是弃，他们不会对不同科学家或不同教派的观点细加区分。不过，公众偶然也会参与思考重要思想领域内部的问题，这种情形尤其发生在一些正统主流观点被全新观念强烈冲击的领域里。文化叛逆者(cultural rebels)惯于一脚踩在已被大体认可的领域之外，另一脚却试图在这传统立场里找到立足之地。有些公众支持他们，而另一些则谴责他们的做法。心理分析、操纵式手术以及新近流行的精神感应得以逐渐兴起于我们的时代并为科学所认可，在很大程度上得归功于公众的支持。不过，公众参与并不永远正确，比如法国的民族主义圈子要求大家承认劳哲(Glozel)的发现，再比如德国的反犹太(anti-semitic)学生反对爱因斯坦的相对论。总的说来，在自由社会中，出于诚挚追求真理之心的公众干预只要维持在一定的限度内，不足以侵害受社会保护的专家的整体自由自治，那这干预就是正当的。

这也使我们的讨论触及了自由社会中那些为自由辩论提供庇护的机构。以英国为例，这种机构包括上、下两院，法庭，新教教会，报社、剧院与广播台，地方政府以及管理各种政治、文化和人道组织的众多私人委员会。自由的公众评价指导着这些机构，它们具有民主的性质。在这些机构之中，对自由辩论的特殊保护随处可见，人们用法律和习俗巩固公平与宽容的原则。甚而，整个社会都在相当大的范围内保护歧异意见(divergent opinion)。不过，我们为这些异议所设定的地位却也相当不同。以科学为例，有些主张受到人们的积极支持，科学家们深入研讨并广泛宣传它们，而另一些意见就没有这么幸运了——比如魔法或者占星术——它们始终被压制。

虽然社会并不给予一切主张同等的宽容，但即便是那些令不信仰它的人们痛苦和烦恼的主张也是得到保护的。人们以不同的态度对待这些意见，或积极培养，或宽容，或压制，甚至为其定罪，它们之间的权衡对比时刻在变化。例如，战争来临，社会实施某些应急措施时，就可能使宽容的范围急剧缩小。公众评价常利用习俗或法律来调整这些事情。

然而，连制度上的法则都无法明确规定，更不用提公平与宽容的普遍原则了。即使是庭审辩论——由最严格的程序所控制的辩论领域——也为个人判断留下了空间。比如，当法官遭遇模糊案例或完全新奇之案时，只能依靠新的诠释来做出最终判决。在公众辩论(public argument)的广阔领域里，所有辩论参与者日日听从自己的良心以解释现有习俗。既然如此，社会成员的良心必得与社会和谐一致，否则他们独立做出的无数判断将使团体变得一团糟，我们通常将这种个体良心的公论称为民众的民主精神(democratic spirit)。完成了以上分析，我们就能列举出自由的明确条件了。

“民主精神”引导自由国度的生活，从这个意义上说，正如科学精神成为科学共同体所有活动的基础一样，“民主精神”是为全社会所共享的某种形而上信仰的表达。对此信仰，我们已在前文中埋下伏笔，现在可以着手深入分析了。

我曾将自由辩论中的公平原则界定为辩论中追求客观的努力，它要求辩者以追求真理为第一要务,即便牺牲辩论的力度也在所不惜,除非诚挚地相信真理存在,否则我们必定做不到这一点。当然,即使相信真理存在,人们还是可能因偏见太深而无法达到实际的客观,除此之外,还有上百种原因可能导致我们不够客观。不过,如果你不相信真理存在,那就绝对不可能以真理为追求;再进一步说,当我们与他人进行辩论时,除非我们相信对方同样地相信真理存在并以之为追求,否则这场辩论终是无的放矢。唯有事先预设多数人都如你自己一般为着寻求真理而谨慎行事,那你满怀公平与宽容之心向他们袒露心怀的行动才有意义。

因此,一个有效实施自由辩论的社会其实也正奉献于一个四元命题:① 真理存在着;② 全社会成员都热爱着真理;③ 他们自觉对真理负有义务;④ 他们确实有能力追寻真理。显而易见,这命题的每一部分都是一个宏大的假设,说其宏大,乃因这些问题一旦受到怀疑,假设就将全盘无效。比如,人们一旦开始对他者的真理之爱有所怀疑,很可能立刻就不再认为自己对真理负有义务,继而中止其不惜代价追寻真理的行动。诸位想一想,每当遭遇不真实之物的诱惑时,我们是多么软弱;而即便在我们的真理之爱最为真挚的关头,这爱亦非完美。想想这些,我们更加为这样一个社会——一个人人彼此真诚信赖的社会,并且这信赖是如此深挚,以致能令他们在实践中保持客观并相互宽容——的真实存在而惊叹!

人们之所以坚决信奉真理之爱,对他者之坦诚满怀信心,并非因其具有理论形式,其实人们甚至并未将其记录成信仰的条文,它们只是这门艺术的前提,在艺术——自由辩论的艺术——实践中得以体现。同我们先前论及的科学发现艺术一样,这门艺术是一种团体(commonal)的艺术,它的传统世代相传。但是,在这传承和交接的途中,每一代都在其中贴上了自己的标签。这传统曾像洪流般席卷全人类,但时至今日,仅有几个国家以明细而复杂的形式将之存留下来。17 世纪以后,英国一些市民机构成为这个传统的主要传播媒介(vehicle),献身于自由思想之前提，就意味着坚持此类制度深深扎根的国民传统。

自孩童在某个民族国家中呱呱坠地之时，“社会契约”就被强加在他身上了。最初，社会向他灌输以契约前提为基础的启蒙教育，激励他忠诚于契约。比如，现代社会的孩子们就被迫放弃他最初倾向的魔化的眼光，改以自然主义的观点看待日常生活。在自由社会里，孩子们被施以学习公平与宽容的训练，整个自由制度遗产降临到年轻人身上，提醒他们承担针对这些传统的义务。公众评价直接或者通过立法手段间接地实施强制力，以此确保自由的前提。

国家之公民从“社会契约”中获得的自由远不及科学共同体之成员能从科学共同体之“契约”中获得的自由多，这一点也不值得奇怪。那些对科学了无兴趣或是力不从心，或者缺乏正直科学情操的人在科学共同体之外仍能找到自由驰骋的广阔天地，但国家与科学共同体不同，它得接受所有在它的领地上出生的人们，除非那人被处死或者放逐。况且，那些生于斯长于斯的人们，从来就没有自主选择前提的自由：他们自小被施以某种模式的教育以令之接受本社会的前提，从来没有人关注他们自己的取向。社会契约的达成有赖于社会成员的责任感，而在这样的环境里，责任感只能由教育影响来坚定地引导——如果不能用“引诱”这个词的话。普遍权威承担着维持自由思想之前提的使命，经过这一番分析，我们也发现了普遍权威的适切功能之所在。

不过，赞成某种国民传统（或者人类普遍传统）的每个社会成员总是倾向于用新的诠释在现有传统之上烙上自己的印章，还有些人在签下这契约的同时也做了很大保留。如何才能从成群的怪人和骗子中辨认出伟大的改革者？这是每个时代的人们都会遭遇到的难题，而最终的究竟选择都只由他们的良心做出。一个自由国度能否长治久安？以何种方式长治久安？这还是得取决于其个体成员的判断——由他们的信念及见识而做出的判断——所形成的公论。授权任何力量推翻这些结论都必然会破坏自由。我们必须将这权力分解成许多原子，施予所有的个体成员，他们皆是在超验义务（transcendent obligation）的普遍基础之上成长起来的；否则，这权力便将不可避免地沦为对个体进行绝对统治的世俗力量。

自由的公众评价之主权被分解也是最终的科学基础得以确立的前提所在，因为誓在追求真理的社会，必定视科学为真理的形式之一而赋其充分的自由。正因社会给公平和宽容的公众讨论以自由，理所当然地也就收获了个体成员的忠诚。比起一般的公众来，科学家还能提出更多的要求，这也是他们在自由竞争里所扮演的角色；但作为一名普通的公民，他又不得不承认这种由公众竞争确立的权力分享行动之效力。人们能在多大程度上分享这权力可能是由教育或其他制度决定的，但这并未削弱这种分享的有效性，只要个体分享权力之行动建立在民主决定——由公开的说服所左右的民主决定——的基础之上。

我们一直在追溯信念之根源，这里就是追溯所能达的究竟之点了：由肯定一项科学命题为真的行动，我们表达出自己的信念。这信念最终意指了我们正效忠于一个献身永恒基础的社会。在这基础之上，我们找到了真理与义务之实在，也发现人类确实具有揭示真理的能力。它断言，在一个献身永恒基础的社会里，人类有能力在接受或拒绝科学前提的二元选择之中做出适当的判断，事实上人类已经做出判断：人们接受了这些前提；这进一步坚定了我们的自信——前两章中已经描述过的对自己在发现过程中所具能力的自信；它还认为，从整体上说，这个发现过程所得之结论是有效的。就个人而言，我们在科学前提的指引下信任了某个命题，也就最后承认了这个命题。这过程的最后一个环节表达出一种信任（belief），信任该命题所预示的道理是真实的，对这个信念，我们将承担个人责任。这信念还连带一个要求，要求该命题被普遍接受为真。因此，尽管我们承认所有真实命题均无法凭一个明确的标准来确立，但我们同时也断言，凡得到个人认可的命题均具有普遍效力。我们的坚定信念（conviction）在此处传达出来了：真理是实在（real）的，所有心怀诚意追寻真理的人都能如愿；自由社会是由那些履行对真理的内在义务的个体成员之良心所形成的组织。

因此，一旦承认了科学的效力，包括承认任何其他伟大思想领域之效力，我们也就表达出一种只在团体中方能被坚持的信仰。至此，诸位已经能够意识到这些演讲所预示的科学、信仰与社会之间的联系了。

我们坚信真理之实在，坚信众人心怀普遍的真理之爱，坚信人类具有发现真理的能力。这些坚信依据何在？为了进一步洞查真相，我们不妨继续追问。最近，这些信念（以及和它们密切相关的另外一些信仰，比如正义与仁爱）已经遭遇了严重的信仰危机。所以，我们对真理义务之基础的探究，将很自然地转化成为对当前人类文明所面临的严峻危机的分析。

这场危机日益尖锐，已经威胁到所有建立在承认对真理之普遍义务基础上的知性自由。知性自由必须服从某种严格的限制，上述危机所以形成今日之势，似乎正是因为那些推动知性自由确立进程的人们从来不愿彻底接受知性自由的这个内在特点。他们不承认如下事实：脱离了特定的良心义务，离开了这良心义务所允许和启示的追求，自由将无法想象。他们认为自由不须接受任何特定的义务，正相反，他们宣称自由与它所规定的诸多限制恰是势不两立的。在这些人的观念中，思想自由尤其意味着拒绝任何传统信仰，甚至包括拒斥自由之基。他们坚信一旦我们将任何限制加诸人类的质疑精神之上，我们便无法抑制褊狭，也将无法避免蒙昧。

以下，我将简要勾勒我们的现代危机兴起的历史过程。

三

中世纪之后，希腊思想在欧洲复兴，一个沿着客观与宽容之路追寻真理的社会逐渐呈现。人们在基督教神学与罗马法的残迹中找到了许多希腊思想的痕迹。从查理曼大帝时代开始，希腊文化逐渐苏醒，其影响稳步扩散，直至意大利文艺复兴时期再次成为主导思想。其时，基督教神学正在思想领域稳居统治地位，文艺复兴时代的人文主义者们试图建立一种以自由的世俗知性（secular intelligence）为基底的文化来替代基督教神学。宗教改革与反宗教改革大潮在当时阻止了这个进程。然而，当历史进入17世纪，这种努力最终还是在荷兰、英国以及英国的美洲殖民地重现了，一种制度化的具有更宽泛的客观与宽容性的体制在这块殖民地上首次确立。在欧洲的其他国家，宽容先是伴随着开明的绝对主义（absolutism）而传递，之后又借着1789年与1848年的法国革命之影响而广为传播。

中世纪教会的神学权威相当苛刻和呆板，以今天的眼光来看，这种苛刻与呆板似乎已达无法容忍之度。若你是一位在法国受教的高尚天主教徒，你将被严格教诲，直至坚信人类始祖亚当是在纪元930年8月20日去世的，这种情形甚至延续到1700年。那时候，人们若对信仰怀有任何疑窦，皆须求助僧侣权威的解释，贵族们则拥护每年必行的强制性忏悔，以根除教会指认的所有异端，这种体制贯穿整个中世纪晚期，经久不衰。

在我们的时代，那些最终导致教会体制全面崩溃的斗争仍然延续，这些斗争开创了公众生活的开明形式。这种开明形式以对真理实在与理性辩论功效所做的预设为基础。一个由公众评价诠释普遍原则的新社会取代了中世纪的体制，取代了那种仅以一本经书为依据，并且唯有中心权威才能行使经书解释权的体制。

在人们下定决心，力图将独立新精神的前提并入哲学体系之前，这种新兴的独立精神广而行之已经多年，它们形式各异——诸如艺术的独立、政治的独立、宗教的独立和科学的独立。笛卡尔的普遍怀疑论（Cartesian doubt）与洛克（Locke）的经验主义好比两支强力杠杆，将人类从原先的权威体系中进一步解放出来。这些哲学及其追随者们所持创之哲学旨在阐明人类确实能创立真理——仅以批判理性为基础，我们便能创立一门丰富且令人满意的关于人类及宇宙的学说——靠一些自明(self-evident)的命题或是一些感觉证言,再或者将两者结合起来就够了。笛卡尔和洛克都坚持信仰天启(revealed)的基督教教义,而他们之后的理性主义者虽然倾向于自然神论和无神论的观点,却始终坚信无须任何外力,人类完全能依靠自己的批判性官能建立科学的真理和公平、正义、自由的制度。思想家——比如韦尔斯(Wells)和杜威(John Dewey)——的思想可以折射出整整一代人的心灵,直至今天,这一代人仍然坚持如上信念,包括那些最极端地信仰逻辑实证哲学(logical positivism)的经验主义者。他们都断言,人类所面临的主要麻烦在于人们无法彻底抛弃传统信仰的包袱,继而认定激进怀疑论(radical scepticism)或经验论方法的深度应用方是希望所在。

不过,这个方法显然不能真实反映人类建立自由知性生活的真实过程。诚然,当某个领域的权威被彻底推倒时,该领域的新发现就将日益被解放出来。无一例外地,这些发现——包括科学上的发现——都不是单纯由感官经验辅之自明命题就能确立起来的。对科学和对发现探索的认可必得基于人类对科学前提的坚定信仰,并且,人们得坚信科学的追随者和孕育者们与我们一样,毫不怀疑地认同这前提。而上述的那个对一切不能以明确描述的程序来验证的命题皆加以质疑的方法却可能摧毁自然科学的全部信仰。其实,它甚至可能摧毁我们关于真理和真理之爱的信念,而这信念正是一切自由思想存在的基础。这个方法终将导致彻底的形上虚无主义(metaphysical nihilism),也就是说,它否认存在一个能据以普遍并显著地显现人类思想的基础。

可能会有人反驳我。他们认为,事实上怀疑论者往往热爱并支持科学和科学的一些姐妹领域,包括支持普遍的客观与宽容机制。确实有这回事,我至少得承认情况经常如此。但这只能说明人类可以一边继承某种伟大传统,一边又信从一派否定该传统之前提的哲学。因为那些伟大传统的大多数信徒对自己所持有的传统之前提并没有清晰明确的认识,这前提只是悄然地深嵌在他们无意识实施的基础之中。这么一来,虽然实施与传承传统的信徒们在理论上反对传统的前提,可这些前提依然能长久存在,科学事业也因此方能在那些自谓实践了培根方法——一种事实上无法得出任何科学结论的方法——的科学家手中薪火相传 300 年。那些在荒谬理论的指引下履行这个传统的人们——比如洛克之后数代经验主义信徒——不仅未曾意识到笼罩在他们头上的内在矛盾,甚至还盲信自己的荒谬理论已成功地被正确实践所证实。

然而,在那些仿效非本土传统的国家,因其传统是由歪曲了的理论而不是通过真实的实践来传播的,这种逻辑的悬停状态就比较不可能发展。这个现象在法国可见一斑,正是在法国,从洛克的政府观念中衍生出了绝对自由的概念,随即又从逻辑上产生了卢梭的绝对人民主权(absolute popular sovereignty)学说。这个学说又引发了那个至今仍在阻挠法国国内各政党,使它们无法进行宽容辩论的"雅各宾主义"(Jacobinism)。不过,这个虚谬理论的更严重的后果在于它继续东进,渗透到另一些更缺乏公民传统的国家中,并在那里进一步发展成现下流行的一些理论,比如"无限个人主义"(unrestrained individual)和"无限国家主义"(unrestrained nation)的浪漫理论,再比如"革命阶级"的社会主义理论。此类理论都公开或暗地里支持极权主义(totalitarian)的国家理论,激进地否认公开辩论中客观与公平存在的可能。而且,这些理论并不只停留在纸上谈兵阶段。虽然,在任何时代中,笔触涉及政治的作家们都曾提出一些暴力的格言,而且在马基雅维利(Machiavelli)之后,这些格言从未间断地对政治家施加着影响,但 20 世纪仍是有史以来第一个出现否认理性与公平的群众运动,并声称这群众运动仅为单纯的权力之爱所推动的时代。

这些运动以一些假定科学的理论来自我辩护。这话听起来似乎不合逻辑,因为恰恰是它们,剥夺了科学的独立地位;但这又是真的。所谓的阶级斗争理论认为,以科学的观点而言,工人阶级起而掌握绝对权力是不可避免的事情,而浪漫主义理论则断定,超人和超种族最终控制绝对权力是生物学的必然。法西斯的行为建立在绝对暴力(ultimated violence)的理论基础之上,法西斯主义里的种族论(tribal)和生机论

(vitalistic)元素导致了有组织的兽性崇拜(deliberate cult of brultality)。

然而,这些运动的力量并非来自它们自认为是力量之源的那个地方,断不可因承认它们的自我评价而堕入他们持有的关于人类的错误看法里去。令法西斯党人的革命运动取得成功的,既不是无产阶级渴望的利益,也不是意大利人民与德国人民体内蓬勃的生机。这些革命能获成功,得归功于隐性的精神之源——从席卷而过的人道主义狂潮与爱国主义狂潮中,它们汲取力量。说到这里,道理已经相当明了了:从逻辑上来看,对所有精神实在的否认是根本错误的,这否认不仅荒谬,而且无法自圆其说,它正是以真理能够被确立的假说为前提的。不过,精神实在也并不一直安于潜藏幕后,它始终在起着作用。当人们说"所谓真理,就是那些有益于无产阶级的东西",或者说"真理,即造福德国人民的事物"时,他们心中的真理信念和真理之爱并未消亡,只是我们对真理所承担的超验义务发生了转移,它被转嫁到无产阶级或德国人的眼前利益中去了。而我们对正义和仁爱的追求与我们心中的真理追求非常相似,将永恒存在。有些人公然宣称这些理想并无实质性的内容,他们认为唯有特定集团掌握的利益和权力才具有实际意义,事实上这些人都已不可避免地把他们对公平与大同(brootherhood)的热望寄托到特定集团争取权力的斗争中去了。此时,他们的基本信心及他们对实在的满腔热爱与奉献便全部寄托到他们所选择的党派——某种实在之残渣——上去了;而这个被寄托希望的党派拥有了信徒们势不可当的狂热拥戴,即便在轻蔑地践踏道德实在的时候,它仍能在信徒中激起深刻的道德反应。

从其根基着手分析至今,我们已触及了极权主义政府的理论。合理的社会结构需要几股相互竞争的力量存在,并由它们抵合形成究竟之力来裁决每一件在两个公民之间发生的纠纷。但如若公民们都致力于某些超验义务,尤其是那些像真理、公平、仁爱这样的普遍理想,而这些超验义务又都体现于公民所效忠的社会传统之中,那么公民之间发生的大量争议(某种程度上甚至可以说公民之间发生的全部争议)都可以留待

(甚至是必须留待)个人良心来做最后的决断。然而,当某个社会不再继续通过它的每个成员献身于超验理想的时刻悄然来临之时,它便只有屈从于一个无限的世俗权力,借此方能继续完整存在。人们一旦彻底抛弃他们对精神实在——正因对这实在承担义务,使他们的良心有资格也有责任主张某种立场——的信仰,也就无法再提出任何能够有效驳斥国家绝对控制的言论了。我方才已经昭明,在这种情形之下,他们的真理和正义之爱已经自动转化为国家权力之爱了。

一个社会对传统理想的献身也嵌入它对贯彻这些理想的社会行为的认同,从这个角度来看,社会将随之偏离自己的切身利益(tangible interest)。那些建立在否认精神实在基础上的政府将这种偏离看作不负责任的放纵,他们认为必须采取适度手段干预每个相关细节,方能抵消其负面影响。这就是极权主义的规划在逻辑上具有必然性及显得周全翔实的原因所在了。

举例而言,在科学领域,实施这种规划意味着尝试放弃科学的内在目标,并以政府设定的旨在实现公众福利利益的目标取而代之。这样一来,对任何一项科学主张,政府似乎都有责任以社会福利为标准来为公众决定究竟是扬还是弃,而他们似乎也有责任决定到底是坚持还是撤回对任何一项特定科学追求的保护。此时,真实的科学目标——甚至包括追求实在的目标——就被合法地否定了,那些坚持探索科学、探索实在的科学家们很自然地就被冠以为满足一己志趣之私欲而行事的罪名。政客们宣称科学家是错的,说科学家们忽视了某些更高层次的利益,而他们正是这更高层次利益的监护人。因此,他们似乎就能合乎逻辑和法度地干涉科学事务了,若有一些古怪的奇想家在这时向政客们毛遂自荐,就极有可能被指认为科学家。在医学、农学或心理学这样一些领域中,科学标准为个人判断留下了广泛的空间,那些谋得政治支持的科学奇想家们很容易便能在这些领域中寻着机会,确立自己的科学地位。因此,腐败行为和彻底的奴性将削弱真实的科学实践,使之日益狭隘;它们会扭曲科学实践正直的禀性,削弱科学实践的自由,类似的扭曲与削弱在每一个文化与政治活动的领域里都可能发生。

可见，一个拒绝致力于超验理想的社会，实际上是选择了奴从的道路。“不容异说”的言论至此完全。那些持怀疑论的经验主义(sceptical empiricism)曾经打破中世纪的神学权威，现今它正一往直前地试图摧毁良心的权威。

四

不过，我可不能关上通向未来的希望之门，极权主义从来不曾在任何地方完全地确立起来过。事实上，任何社会一旦真的彻底否定了精神存在，并切实将这否认贯彻到实践中去，那它可就一天也存在不下去了。即便对一个纯粹以实施暴力和吹捧暴力超越于精神之上的崇高地位为目的、除此之外并无其他有意识目的的组织来说，少了理想主义奉献的支持，也将一事无成。另外，一个团体即便在某些时候已决定靠某种错误的人之理念为生，它依旧可能逐渐将此淡忘，反被从其初始文明中生长起来的文化生命和市民制度(civic institution)日益渗透，并最终被吸收同化。以苏联为例，虽然苏联原先是建立在阶级理论基础上的社会，但现今基础科学在那里再次得到了承认，宗教信仰得以恢复，民族复兴、私法原则也逐渐重新确立起来。完全可以想象，希特勒死后，纳粹德国也可能步其后尘。

当然，或许还存在另外一条截然不同的发展之路。30年前，欧洲大陆曾到达自由与理想主义的巅峰，之后却从这峰顶笔直跌落，堕至今天的冲突与暴力状态，这滑坡之势传播到一些此前未曾遭遇相同情形的国家之后，还可能获得新的加速度以致跌落得更快。逻辑悬停(suspending)状态保护英国免受这虚妄理论的影响，这影响正在其他一些国家盛行，但英国也不可能无限期地保持这种逻辑悬停的状态。诸如此类种种不同的可能性最终取决于人的良心，我们只能祈祷良心开悟,但无法预测自己的良心最终将做何选择。

此外,从逻辑上看,形上虚无主义所获得的普遍认可中隐含着一个极权主义的社会形式,我得说清楚,指出这一点并不是借其驳斥形上虚无主义。我们发现,在理论上,一派否认科学实在、法律实在,否认伟大艺术的实在,否认宗教实在以及否认普遍自由实在的学说很容易对这些思想领域造成巨大伤害。科学、法律、自由等,都仅仅被看作已过时的经济体制为基础的意识形态,注定将随旧经济体制的消亡而枯萎。德国大学教授一些比这些东西野蛮得多的教条,学生们则身体力行。

显而易见,既然我如此坚信真理之实在,相信公平正义与仁爱之实在,我必定反对否认这些实在的理论,继而谴责将这种理论付诸实践的社会。不过,我也并不以为我能通过辩论强迫对手接受我的观点:我承认,在我的知识领域之外,真理自有其独立的存在,它之于每个人都是可望而可即的,但我无法强迫任何人看到这存在。我相信人人如我一般热爱真理,可是我没法子强迫他们接受我的观点。在一个致力于某个传统的社会里,我们坚持实践这个传统,在此过程中确认自己的真理之爱,这个情形我已经详述过了。可是,这种社会以及这社会中的传统实践为何能存在?对于这个问题我却知之甚少,就如同我其实并不晓得自己为何存在一样。不管是哪种情况——听从脑中的成熟决策,还是主要取决于早年所受的教育——总之,我所以对这社会保持忠诚,说到底还是究竟信仰的作用。比如,我就能找出很多明确的理由来解释自己为什么始终对基础科学的传统和良心的自由满怀忠诚,而不去参加那些奉行阶级斗争或法西斯主义原则的组织。不过同时我也明白这些原因并不足以强迫他者接受我的观念。

但是,在那些无法指望别人相信自己的领域里,形上信徒们仍可能努力尝试改变别人的信仰。在同虚无主义者辩论之时,形上信徒们虽然显得虚弱无力,却能悄然向虚无主义者传达一种精神满足的讯息,因为这正是虚无主义者所缺乏的东西,它可能在他们心中引发信仰的皈依。马克思主义者的超验信念体现在政治暴力理论中,对他们来说,上述的信仰皈依过程仅意味着从暴力理论中收回超验信仰并以正确之道重建之。这些年来这种信仰的转变层出不穷。比较而言，要想改变浪漫虚无主义者(romantic nihilist)的信仰就困难得多，对兽性的盲崇将腐蚀他们心中的人性核心。荒谬的教义与野蛮的教化相结合，或许也能转变浪漫虚无主义者的信仰，但这转变始终是十分缓慢、十分犹疑的。不过，即便如此，我仍坚信那个可能转变浪漫虚无主义者信仰的基石毕竟是存在的，我希望自己能在他们身上找到那股子隐藏着的良心——它与我们中任何人的良心并无二致，一旦被唤醒，必定很容易为超验义务所感化。

不过，也许有人会反驳我，他们认为我在此鼓吹一种“信仰无法证实”的论调，既然如此，当我们欲图完全许可任何一种信仰时，这论调都可用来为这许可做辩护，比如武断、不容异己之信仰或者蒙昧主义之信仰。人们会说：“既然真理无法证实，那我完全可以将我信以为真之事当作真理，比如那些对我有好处的东西，我就管它们叫真理。”人们也可以说：“既然你承认你的真理信念最终取决于你的个人判断，那我——作为国家的我——完全有权以我的判断取代你的结论，以此类推，我亦可以决定你应当相信何事为真。”事实上，这些说法歪曲了我的原意。虽然我认为真理是不可证实的，但我认为它是可知的，并且我阐述了人类该如何发现真理。可能有人会质疑我的立场将导致对个人信仰的普遍特许，但这种质疑也只有在所有人都听从良心的指引而认定“自己的”真理的条件下才成立。可是，我认为所有社会成员的良心都应内聚于同一个普遍传统的立场之上，这也是我的观点中不可或缺的部分，所以，那项指控根本不可能成立。我已阐述了我赞成的良心概念和传统概念，那些**反对**这套概念的人接受了浪漫虚无主义者的见解——我刚才已经探讨过这一点，可是诸位如果赞成我所阐述的意义，则完全不必担忧人们普遍承认良心为寻找真理之向导可能带来混乱。我这般坚持真理之实在的信念，坚持我们对真理负有超验义务，何据之有？这，就是最好的答案。

在这些演讲中，我提出了自己的观点。总的来说，我这些观点是18世纪普世主义(universalism)的回归，不过，二者之间仍有3个重要的差异：① 我完全承认人类普遍持有的陈述具有不可验证性——在最后的段落里，我还将运用逻辑实证主义的方法对此加以论证。这个观点促动怀疑主义经验论者掀起一场危机，并大大拓展这危机之域。② 我否认永恒真理可以自然而然地被人类接受，其实，我们已经发现现代人能够有力地推翻这些真理。因此，我认为，任何一项信念，除非已经被以相当明确的形式宣示出来，否则，现代人对该信念的普遍接受就将是一纸空谈。虽然理性时代憎恶那些超验传统，这传统却是时代理想真实而必要的基础。③ 此外，让我们心悦诚服地彻底接受那许多传统前提吧，这接受是无法回避的，它也将是我们自身知性发展的起点；而且，从那时候开始，无论如何努力，无论走到多远，我们的发展都无法突破一系列有限的结论——从我们原初的前提出发所能轻易达到的结论。从这个意义上说，我认为，说到底人类发展的进程就寄托在这原初的起点之上；我也相信，这样的认知将促使我们竭尽所能，担负起培育和发展自己生于其中的传统的使命来。

我的这些观点似乎将引出一个更广泛的联系来，让我最后简要地说明一下这个联系。从我方才的阐述中，相信大家已经明确：唯有生活在一个奉献着的社会里，人们才能够连续地维持知性探索的过程；只有生活在一个奉献着的社会里，人们才能够经营一种合意的知性而道德的生活。这已经足以说明，社会的总体目标在于许可成员们追寻自己的超验义务，尤其是对真理、对正义、对仁爱所承担的超验义务。当然，社会也是一个经济组织。不过，我们在比较规模相当的古雅典城邦与斯托克波特城邦的社会成就时，就能明白两个地区生活水准的差异不能作为比较社会成就优劣的根据。因此，福利的进步似乎并不是社会的真正目标，而只是社会的次要任务，是实现其本质目标的手段而已，唯有精神领域的追求才是社会的本质目标所在。

看起来，我们似乎有必要向着上帝延伸这项社会诠释：如果说社会的知性任务和道德任务最终还将取决于每代人的自由良心，而我们完成这些任务，本质上就是在不停地往社会传统里添加新的精神遗产，那么也可以说，这些任务与那个赋予我们永恒事物之知识的源头始终是相通的。这源头与上帝靠得多近，我不敢妄断，但我愿意在此昭明我的信念：我坚信，现代人终将在精神上回归上帝——经由净化我们的文化目标与社会目标之途。一旦我们坚定地悟出实在之知识，接受超验义务为良心指南，人之上帝（god in man）与社会之上帝（god in society）便显出面目来了！

书目说明

一、科学前提

我在第二章“权威与良心”里论述了科学前提无法明确表达的道理，唯有在科学传统维持的科学实践中，它们才能真实地显现出来。我这样说并不代表分析科学前提了无用处，诸位切不可对此产生误解。不同的时代，科学家们曾先后依赖种种究竟猜想，虽然在此未能提出系统的做法来分析科学前提，但我至少可以试着确证历史上科学家们曾依赖过的根本猜想。这些问题从本质上说基于同一个普遍立场，但仍呈现着显著的分歧。

以毕达哥拉斯(Pythagoras)的自然观为据，哥白尼产生了自己的灵感。根据毕氏的设想，一些代数规则与几何规则统治着宇宙，科学的使命就在于揭示这些规则。1596 年，开普勒创立了首个行星系统，我们可以把它看作这条思路的一次演证。在开普勒的计算值域(range)里人们发现：五个正方体夹在六个已知的行星球面之间，每个多面体都被外接。[1]这个事实是开普勒行星系统理论的基础。可是，在之后的研究工作中，开普勒又否定了这个系统，他一方面大胆抛弃了毕达哥拉斯的圆轨道理论与匀速运动理论，另一方面又从毕氏那里继承了数学的自然观，并将这观点扩及所有的数学函数。后来，伽利略再次修正了这个思路，他将力学理论从天宇研究领域移植到地球研究中来。伽利略提出了一项假设，他认为宇宙由一团运动的物质构成，而主宰这团物质的则是数学动力学法则。随后，牛顿不仅证实了伽利略的理论，还将它往前推进了一大步，他把开普勒的天体定律和伽利略的地球定律纳入了同一个宇宙动力系统中。以牛顿的这个贡献为起点，人类又获得了一个直至 19 世纪仍占主导地位的理论假设——假设科学能简化所有现象，最终将这些现象简化成一个由微粒组成的力学结构。于是，道尔顿从牛顿的特殊假设出发，提出了化学结合理论（theory of chemical combinations）。牛顿曾写道："我觉得事情可能是这样的，最初，上帝用一些巨大、坚硬、无法穿透的、运动着的固体微粒组成了物质，这些微粒的大小、形状和其他一些性质都合宜于它们形成最终将形成之物质。"道尔顿多次引述这段话，他显然将物质的原子结构也算进科学的基本假设之中了。无独有偶，两大守恒定律——物质守恒与能量守恒——在出现之初也曾被看成理性自然观的一条公理，似乎还曾被看作牛顿理论的两种变异。后来，拉瓦锡又提出了质量守恒定律，他说："……无论是人工运作还是自然运作都不能创造新物质，在每个运作过程之前或者之后，物质质量总是恒定的，这是公理……"[2] 梅耶则用这样的描述表达能量守恒定律："在生命过程里，只存在物质的转换与力的转换，绝不存在物质的创造或者力的创造，这已经是公认之真理了。"[3]

在一步步抛弃上述唯物论和机械论的图景之后，现代科学前提逐渐成形，它孕育了 20 世纪伟大的思想成就。法拉第（Faraday）和麦克斯维（Maxwell）首先假设在这图景之中有一个普遍存在的场，可这反而扭曲了这图景。接着，电子理论又更进一步改变立场，认为电的性质是事物的根本性质，我们不能将电的性质与热、声、味等性质等同起来，不能将之只作为运动物质的表现。

接着我们要谈到科学前提的另一些，也是更重要的一些转变。这些转变最初似乎源于恩斯特·马赫(Ernst Mach),他对科学进行了哲学的批评。

马赫的做法是将那些累赘或无法进行必要验证的意义从科学前提中排除出去。爱因斯坦在后来的相对论中贯彻了这个意图,这种贯彻行动甚至大大超出了它原先的意义范畴。作为公理的相对论规定了绝对运动本质上的无法验证性,它还要求建立一个在逻辑上剔除绝对运动的概念架构。就这样,一批全新的命题在这次概念重组行动中浮现出来,人类从中获得了丰厚的收成——大量新的有效的预测,一套新的思想发现之认识论方法也就此确立了。这套新方法被爱因斯坦用在1905年的狭义相对论和1916年的广义相对论里。1925年,海森堡提出量子力学,他改造了当时盛行的波尔"量子理论",在原子转变方面,他从波氏的理论中排除了所有无从观察的含义,在这当中,认识论方法起了相当大的作用。而且,爱因斯坦在相对论方面所做的先驱工作也引发了科学界对"普遍场论"(general field theory)的后续探索——以威尔(Weyl)1918年的尝试为起点,这些探索最终形成一个关于"场"的一元理论,"场"可能派生出重力场、电场和介子场等特殊结果(薛定谔,1943)。另一项与此相似的努力以爱丁顿(Eddington)和米恩(Milne)的工作为高潮,他们建立了一个纯粹从理性前提出发的自然规律系统。在这条探索之路上,我们看到了一次次的论争,也越来越洞悉科学前提曾历经的深刻变化。1931年的《自然科学》(*Naturwissenschaften*)杂志发表了一封虚构的读者来信,信里把爱丁顿的"精细结构常数"(fine structure constant)$hc/2\pi e^2=137$大大讥笑了一番,这封信的作者中包括一位日后在科学界颇具威望的年轻物理学家。从这件事里,我们已经可以看到那个时代的科学家们对爱丁顿观点的最初反应了,爱丁顿观点的前提所遭遇的憎恶情绪直至今天还在持续。最近,一位著名的英国数学家一边告诉我爱丁顿关于质子与电子之质量比的预测(与二次方程两根之比相同)

$$10x^2-136x+1=0$$

已经得到了一些新的日益精确的验证，可是一边又向我坦承他对此十分担心，因为他认为爱丁顿的观点正在破坏对自然的经验主义研究方法。

谈到这里，我想说些题外话。认识论方法取得成功之后，实证主义者之科学概念的权威性在科学家中大大增强，可是在我看来，这个结论却是一个判断上的失误。实证主义运动热切要求净化陷于冗赘和无从保证之意义中的科学，从这点来说它的要求不无道理，并且也是成功的，但这个过程带来的一些伟大发现并不能归功于任何纯粹分析性的操作。事实是：科学直觉利用了实证主义的批判，以此重塑关于事物性质的假设。所以，在这个过程中，科学也并不能就这样被简化成一套精确的、可证实的表述，变成实证主义者的科学概念中所假设的样子；正好相反，与实证主义者的看法严重相左，科学，拥有思索发现之能！

在我们的时代，还发生了另一场与实证主义运动旗鼓相当的改革科学前提的运动。早期的实在概念——认为实在在空间中具有可见性之概念——被纯粹数学的概念（例如波的多向度功能）所取代，新的概念代表某些概率，决定某些能量，但不附带任何可能的图像。1935 年，迪拉克这样写道："我们的脑海中有这样一幅图像——我们以为自然的基本规律在每一个直接的向度上统治着世界。可是事实并非如此，自然规律统治的是底层，在这一层中，除非引入一些不相关的事物，否则我们无法形成心灵图像。"只有数学术语才能描绘出这个"底层"的样子。普朗克（Planck）在 1900 年提出的量子论中最早呈现了现代科学的这一特征。这个特征同时还在量子论的所有不同的应用案例中多次得到体现，但一直未被接受为科学的基本要素，直到 1925 年新的量子力学理论中以有机的方式再次体现。

以上诸多例证已经足以证明，在过去的 400 年中，科学关于宇宙性质的究竟猜测曾经历了多少重要的变革。但我在此所描画的变革图景远未完全，因为即便物理学应被我们看作自然科学中最根本的部分，也还是无法组成化学或者生物学的运行前提，后二者有各自学科领域的究竟猜想，并且同样在发展进程中屡经变迁。事实上，自从300年前现代科学起源之后，在科学的每一个领域中——甚至包括数学领域中——科学的基本前提、研究方法以及验证标准都曾历经一系列重要的变革。

因此，从前的伟大科学家所提出的一些陈述很可能被现代科学家拒斥，这是件轻松平常的事情。哥白尼、伽利略、开普勒、拉瓦锡、道尔顿等这些大师曾提起的论争，在现代科学看起来似乎已无关紧要，我们常发现由他们的假设所引出的结论早已被证明为误。

常有人说，科学事实恒常不变，变的只是科学的诠释。这个说法是不对的，至少可以说它有歧义。如果我们今天仍然承认300年前的天文学家所收集的一些事实证据，只是因为在这些情况下，我们和他们分享着他们描绘为事实证据的由感官经验所做的诠释。可是，1596年的开普勒认为行星的轨道与规则固体的几何图形有关，他觉得那是一定的，而如今我们却将这观点看作荒唐之论。再举个例子：牛顿观察到，反复蒸馏过的水中仍残存少量沉淀物，他以为水的某一部分在蒸发中化作泥土。我们不仅得承认牛顿观察到的事实为真，还得承认它具有再生性(reproduce)；不过，我们并不认为这个事实能推导出他最后的结论。除了没有意义的感官印象，再没有任何经验能在不附带有效诠释因素的情况下，作为事实存在下来。这个道理同样适用于日常生活中的事实，因为它们的特点也依赖于人们现有的诠释——魔法诠释、占星术诠释、神话诠释和自然主义诠释等。

因此，回顾科学前提经历的变革，我们发现，以今天的眼光来看，早期科学里的许多问题无论是在实践中，还是在理论上均已被证明是荒谬的。不过，同样清楚的是，早期科学里还有许多问题，直至今天仍被我们承认为真。时光飞逝，许多伟大科学先驱者的发现越来越广泛地显现出来，他们也就赢得了我们越来越多的尊敬。因此，不难想象，在现代科学家同以往科学家的脚下，必定卧着一方共同的基石。换句话说，现代科学前提里包含了许多早先的科学前提。无论如何，这种情况已经多到足以令我们意识到：现代科学里的许多重要结论均可追溯到某些早先的科学前提——一些完全能被今天的我们所接受的科学前提。

从这些演讲中诸位应已清楚地看到，依据科学的性质，人类永远无法穷尽科学前提可能存在的全部陈述。不过，科学的普遍前提又是所有科学家都能达到的，入门之日，科学家们初习科学传统的实践，此时，他们就接受了这一普遍前提。我在第二章和第三章中对此进行了详述。

二、新观察结果的意义

科学家们以研究为业，在实验中他们时刻可能观察到新的仪器读数或其他新的感官印象，因此，他们必须不断地做出判断，决定究竟是将这些观察结果当作指认新事实的证据，还是将其作为某个已知事实的新意义，再或者认定它根本没有意义而不予理睬。科学前提——尤其是时下盛行的科学猜测——引导着这类判断，但到最后关头，科学家必定要在决策中加入个人判断的元素。

许多例子可以证明这种联系。

除了那些已被确认的行星之外，莽莽苍穹里的其他星座也都始终保持固定的相对位置，日复一日，恒常不变，这个现象已经成为众所周知的自然规律。可是，根据人们的观察，实际上所有行星都不可能在第二天保持与前一天完全相同的绝对位置，可是我们总会把观测到的这个现象看作观察上的失误加以忽略。这么一来，每当我们发现一颗新行星，就会把观察到的这种行星运动情况都当作观察上的失误搪塞过去。1846 年，海王星被发现。根据计算，人们得出了它以往的行星位置参数，从这些位置参数来分析，海王星显然就是 1795 年拉朗德(Lalande)在巴黎记录下来的那颗行星。得知这个消息后，巴黎天文台仔细检索了拉朗德当年的手稿，从中发现：1795 年的 5 月 8 日和 10 日，拉朗德曾先后两次观察到这颗行星，但两次观察的结果并不一致，他便将其中的一次观测结果作为正常的观察失误而排除掉，而把另一次观测结果作为可疑的观察数据记录了下来。[4] 至于天王星，它在 1781 年正式被威廉·惠撒尔(William Herschel)发现之前，也曾经至少 17 次被记录成一颗固定不动的星星。可见，这种反复重申(reaffirm)已知自然规律的过程已经成为埋葬许多潜在发现的坟墓。

其实，那些可以被解释为化学元素质变的实验现象在实验室里屡见不鲜，但只有在肯定这种质变过程的可能性合理存在的时代，并且还得是由一些著名的科学家来提出，关于质变的主张才可能出现。在较早的时代里，科学家们普遍接受炼金术的假设，化学质变的主张自然也就随之大行其是。牛顿观察到经过多次蒸馏的水并未全部蒸发，仍残留少许泥渣。于是，牛顿就把这个现象作为在反复蒸馏之后部分水自动质变成泥的证据。在接下来的几个世纪中，许多科学家进行了类似的实验，他们也都观察到了相同的实验现象。到了 18 世纪，拉瓦锡关于元素特征的理论被人们广为接受，水中的残留物从此也就被解释为水的污染而已，这个解释至少直到 20 世纪初期还在盛行。不过，1902—1903 年间，卢瑟福与索迪(Soddy)突然发现了放射嬗变，这之后又有细心的科学家提出一系列错误主张，声称自己已经沿独特思路发现了元素嬗变的规律；接着，卡梅隆(A. T. Cameron)和兰赛(William Ramsay)分别在 1907 年和 1908 年宣布他们已发现由铜到锂的嬗变过程是 α 微粒运动的结果。然后，柯里(Collie)与帕特森(Patterson)又在 1913 年宣称自己观察到氢释放电之后形成氦与氖。其后，以上这些说法统统被驳倒，科学界始终没有新的言论出现。直到 1922 年，新的一波基于错误证据而推导出的新主张之浪潮才汹涌而来，这次浪潮起于 3 年之前卢瑟福关于新形式人工质变的发现。德国的米特(Miethe)、斯坦梅瑞(Stammereich)与日本的长冈(Nagaoka)分别发表独立报告，宣称他们发现汞会因放电作用而质变成金。史密茨(Smits)与卡尔森

(Karssen)报告说铅可以质变成汞和铊。帕内特(Paneth)和彼得斯(Peters)则宣布用铂催化剂可以令氢质变为氦。可是所有这些主张也终将被抛弃,事实上,到1928年为止它们就全都被放弃了。一年之后,放射性蜕变理论确立,这个理论清楚表明,上文所提到的那些描述元素变化的尝试全流于徒劳无功。自那时开始直到今天,尽管牛顿、拉姆齐、帕内特等人提出的许多嬗变证据已经唾手可得,可人们再没有兴趣在这方面花工夫了,因为,现如今人们已不再认为嬗变过程是充分合理的了。

但是,我也并不是说对那些与公认假设冲突的实验结果,科学家们应一概予以忽略,那样的话,科学就将止步不前。我们既可能将新证据与旧前提之间的矛盾仅仅视作实验失误而置之不理,也可能赋之以重大的意义。是取,是舍?卢瑟福的一位密友曾经这样描述卢瑟福在那要紧关头表现出来的天才灵感[5]:许多关于新的古怪现象的报道从世界各地蜂拥而至,同行们热切希望这些报道能引起卢瑟福的关注,可他却对这些为数众多的报道安之若素,将它们中的大部分束之高阁,而只对其中的某个特殊案例做出回应。就是这个回应,后来启发查德威克(Chadwick)发现了中子。贝克洛(Bequerel)发现放射能与伦琴(Rontgen)发现射线的故事更是众所周知,他们注意到一些被早前的观察者忽略掉的线索,从一些偶然被模糊了的底片出发,完成了他们伟大的发现,这也是上述能力的明证。不过,我们还可看看为数更多的失败案例。比如,有许多人在这些错误的模式中虚度光阴,将一生付诸研究由贝克洛与伦琴所激发的伪造X光的徒劳中[6],对比他们,我们不由得更加钦佩伟大科学家们在科学选择的要紧关头所表现出来的勇气与洞察力。

欲在现有理论架构内赋予某个新观察结果恰如其分的意义,无疑是一件相当困难的事情,这困难还远不止于判断对这新结果该重视还是该忽略。此外,某些新的观察结果可能是对旧前提的有效驳斥,但我们仍得暂且先将它搁置一旁。我曾经举了与周期系统相斥的观察结果和光的波理论与光的量子理论之间的冲突这两个例子，在这两个案例中，冲突皆因某个新思路的发现而消融，对立双方的证据都得到了解释。但这种情况显然并不会经常发生，有许多理论因冲突证据的发现而被人们抛弃，从此就了无痕迹，对此，我们无须赘述。不过，还有一些理论先被新证据驳倒，过些时日又因更深入的发现而得到平反。回顾一些这样的例子或许会很有趣：普劳特(Prout)起初相信所有元素都由氢元素组成，因为氦、碳、氮、氧等较轻的元素都具有近似整数的原子量，可是，后来的科学家们在原子质量的后续研究中发现，元素——尤其是一些较重的元素——的原子量偏离整数的情况非常多见，偏离的幅度也很大，这就驳倒了普劳特的学说。可是到了今天，事情又有新的转机，由于同位素理论的发现，并考虑到包装的影响，人们又认为普劳特的观点是正确的了。

不过，正式地驳斥一个理论，也并不一定需要借助新发现之力。许多理论都是以可能被自动扩大的模式而建立起来的。比如当人们以圆周或周转圆来描述行星运动的时候，只要引进另一些更深入的同类元素便能解释任何误差。这也相当于在某个数学级数之上再附加一个更深入的项，并以此项来表征这个观察结果。我们把这种能自动扩大的理论称为周转圆式，但并不意味着这些理论就失去了作为自然规律的资格。正因为这样一些理论永不能被任何可以想象的观察正式驳倒，所以从严格意义上来说，我们也不能指望根据这样的理论做出任何预测。可是，我们也发现似乎所有的科学命题都可以被看作周转圆式，因为我们总能想出一些原因来解释实验的误差。所以说，在科学之普遍前提的指导下，根据时下流行的科学假设，决定对某套观察结果究竟应该赋予多少意义——是支持抑或排斥——究竟还是科学家自己的事情，得由科学家的个人判断来完成。

三、结果的一致性

某些验证——即使是在最严格的实验基准之下完成的——却仍被证实是由于惊人巧合而导致的虚谬结果，这个道理可以在以下的案例中得到印证。

阿斯顿(Aston)曾经用质谱仪测量氢和氧的原子重量(假设氧的原子重为 16.000 0)，得出 H=1.007 78，而以化学分析的方法发现 H=1.007 77。这两个结果的一致性似乎没什么可怀疑的，因为班布里奇(Bainbridge)后来又确认了阿斯顿取得的值(只要这值是建立在 He/H 的基础上)，他发现 He/H=3.971 28，而阿斯顿的结果则是 3.971 26。班布里奇借助了分光镜的方法，这是一条与阿斯顿完全不同的思路。从表面上看起来，这 3 项精确一致的实验结果似乎已经无懈可击，它似乎是科学史上经受了最完美验证的科学理论之一。但是，这个精确的一致在之后的岁月中却被证明只是巧合而已。首先，人们发现氧原子里含有一些较重的同位素附着物(O^{17}或者O^{18})。考虑到这个化学证据的因素，预计用质谱仪测量所得的氧氢比应该为 O/H=1.007 50，原先那个 1.007 77 与 1.007 78 的精确一致之真实性也就被破坏了。由于这项新的发现，人们估计氢原子上也会存在一些较重的同位素附着物。尤里(Urey)便从这里出发着手寻找重氢，终于在 1932 年从一些蛛丝马迹里寻着了重氢的存在。当时，人们认为尤里的发现是正确的，谓之为信念的胜利。可是后来，人们又发现尤里勇敢地坚持并辉煌地验证了的这个信念其实是错的——重氢同位素被发现之后的第三年，阿斯顿修正了他早前的测量，并得出了 O/H=1.008 1 的数据，这个数值符合了化学原子量应有的比例，并且无须用重氢存在的理论来加以解释，相反，这个数据预示原子表面并无此类附着物之存在。

在科学上，除了这种惊人巧合导致错误假设之表面确证的情况外，人们还过多依赖科学命题的可复现性,我们得谨记这种依赖也有其根本弱点。不难想象,观察结果的可复现性其实有赖于某个未知的不可控因素的存在,这一因素可能几个月来一次,也可能几年来一次,并随场所之异前后不同。1922年,我和马克(H. Mark)合作进行研究,我们发现当呈线状的锡晶体被我们拉紧的时候,它的表面就出现了一组独特的细长线条。[7]这项观察结果发布以后,数以百计的样本被复制出来,其中一些还被拍成照片加以发表。接着,伯格(C. Burger)[8]也独立完成了这个发现,并发布了同样的照片。在此后连续好几年,我的实验室一直坚持这项研究,可是从1923年开始,在同样的实验中,晶体表面始终光滑如镜,我们再也观察不到从前那些细长线条了。对这前后变化,无人晓得其中的奥妙。我们还能记起生物界另一个例子,就在前些年,生物学家们发现全世界的麝香植物突然全部没了味道,神秘之至。

氧气爆炸、固体的绷紧与断裂、击穿绝缘体、表面催化、结晶过程以及电休克等,大量此类现象都是由小微粒的运动或细小缺陷所引发的。而众所周知,我们在实验室里能获得的即便是最纯净的物质中也掺杂着微量的杂质——几乎每一种化学元素都有——含量大约仅为该物质质量的十亿分之一。因此,那些因杂质的存在而激发的细微现象在某个特定的时间段里可能被多次复制,而当元素根据周期律发生变化之时,另一些不同的现象便出现了,它们又可在另一段相当的时日中被多次复制。这种现象即所谓的"流行病",已广为人知,它们会影响工业过程;许多时候,它们出现和消失之因由均无从考究。

近来,布雷克利皇家化学工业研究所实验室的培根先生(Mr. R. G. R. Bacon)将他亲身经历的一些事情告诉了我,正好能演证上述道理,以下就是他的描述。

> 大约在两年以前,我对乙烯基类单体在氮下的聚合率做了多次的测量,实验是在以硫酸氢盐、亚硫酸氢盐还原活化系统为媒介的水溶液里进行的。在一系列标准实验条件中,我得到了一个可复制的快速聚合率。在我停止这项工作之后约

一年之久,另一个人重复了我的实验,但他所观察到的聚合率比我的缓慢得多。因此,我们俩决定进行一个短期的合作,看看问题出在哪里。然后,我们就发现:

(1) 我先使用他所使用的试剂,发现即便如此,我仍得到了与我当初所得相同的数据。

(2) 接着我尝试使用一台新的仪器来进行实验,仪器规格与型号都与他所使用的仪器一般无二,可我还是复制出了先前的结果。

(3) 我和他同时在同一台仪器上做这个实验,他所得的数据依然比我的要慢得多。

(4) 这样的差别显然不是由于氧而引起的,因为我们实验中的反应对氧来说并不敏锐,况且,后来我们拿空气来代替氧气又试了一次,结果还是这样。

(5) 不过,他改用玻璃管来取氮,而不是先前的橡皮管时,得到的数据就和我一样了;而我自己是采用金属管(某种软铅合金制成)的。

研究进行到这里,我的同行离开了我的实验室,我们没能把这个实验再深入推进下去,自然也就无从知晓我们先前的数据差异是否真由橡皮管引起。可是,在我们合作之前或者之后,我也曾经用橡皮管来做实验,并且也都复制出了我原先高聚合率的结果。因此,我认为橡皮管的因素不是有效的原因。

这类经验提醒我们,可复现性结果的可信度始终**可能**存在疑点,任何时候,科学家们都须依据个人判断来认定这种怀疑是否**合理**。

注 释

[1] 参见 C. Singer, *A Short History of Science*, p. 201。

[2] Sherwood Taylor 引自 *Science Past and Present*, p. 126。

[3] Sherwood Taylor 引自 *Science Past and Present*, pp. 244～5。

[4] 参见 T. E. R. Phillips, *Enc. Brit.*, 14th. ed., vol. xvi, p. 228。

[5] 参见 C. G. Darwin, *Nature*, vol. cxlv, p. 324。

[6] Comp. G. F. Stradling, *fourn. of the Franklin Inst.*, vol. clxiv, pp. 57, 113, 177。

[7] 参见 Mark and Polanyi, *Z. Phys.*, xviii. 75(1923)。

[8] 参见 Comp. C. Burger, *Physica*, i. 214(1921); ii. 56(1922)。

附　录

人之研究[①]

前 言

最近，我的《个人知识》(*Personal Knowledge*)一书出版，这几篇演讲旨在对该书中已展开的探索进行扩充。不过，我在本书的前两讲中花费大量笔墨，首先简要概括了《个人知识》中与本系列演讲有关的一些章节，否则，我们便无法以那些讨论为起点深入推进我们的研究。因此，大家在阅读本书时，也可将它看作《个人知识》的导言。

同时，我希望诸位在我所有的讲演中都能看到洛德·林赛(Lord Lindsay)院长在哲学和教育方面所做的贡献；在这些演讲的结尾部分，我也会特别谈到林赛院长所创立的北斯塔福德郡大学(University College of North Staffordshire)及由此体现出来的大学之理念。

① 译注：此文译自 *The Study of Man*，London，1959。

第一讲　理解自己

思考能力是人类最杰出的才能。因此，无论是谁，只要提及人类必定就得涉及当时的人类知识。这其实是个相当烦人的预期，它似乎使人之研究永无止境：一旦完成某项人之研究，我们的研究边界就会被这方才取得的成果扩展开去，因为这项成果本身业已成为人类知识的一部分，纳入了我们的研究范围。由是，人们不得不一再反思自己先前刚刚完成的反省（reflection），在这种无尽的徒劳中试图完全涵盖人类的所有知识。

上述困境听上去似乎有些牵强附会，但事实上，它正是人之本性和人类知识之本性最深刻的特征。人类应当永远致力于揭示那些客观上经得起考验的真理，可每每人们反思自己的知识时，却总会发现自己正在支持这些知识，他正在确证自己的知识为真，而这种确证的行动和信念又使其知识体系的范围得到拓展。因此，一旦我们获取了某项新的知识，我们也就丰富了世界，用之前尚未为人类所掌握的知识丰富了人的世界。从这个意义上说，完全的人之知识是永远无法企及的。

我将马上提出解决这个逻辑难题的方法，其解决之道寓于下文所述的事实里，从中，诸位可以了解我赋予这件逻辑怪事的重要意义。人类知识有两种：诸如书面文字、地图或者数学公式里所展示出来的，通常被人们描述为知识的东西仅是其中之一而已；另一些未被精确化的知识则是另一种形式的人类知识，比如我们在实施某种行动之时怀有的关于行动对象之知识。假如我们将前者谓为言传知识（explicit knowledge），后者则称作意会知识（tacit knowledge）的话，那我们就可以说**人类始终意会地知道自己正在支持（holding）自己的言传知识为真**。因此，对于自身知识体系中的某个部分，如果我们只是满足于意会地持有它，那种不断反省我们方才拥有的反省的徒劳努力就将中止。

问题是人类**能否**满足于此。意会认知似乎只是我们自己的事情，它缺少了知识所具有的一些基本要素，比如它就不具备言传知识之公开和客观的特征。

这项指控可能无法轻易驳倒，但我坚信它是错的。我并不认为在塑造知识的过程中，认知者的任何个人参与都将使知识失效，尽管这可能会使知识的客观性有所削弱。

今晚，我将竭力传达一个信念，当然，或许我费尽周章也无法使你们完全信服它，不过我希望自己至少能令诸位熟知我的观点。我想阐明的是：意会认知其实正是所有知识的支配原则，因此，对意会知识的拒斥(rejection)就意味着对一切知识的拒斥。为此，我将首先证明认知者在塑造知识中的个人参与显然主宰着认知的**最低层级**和人类知性的**最高成就**；然后，我会把这项证明推演到那些组成人类知识主体的**中间地带**(intermediate zone)，因为在这个地带里，意会协同的决定性角色很难把握。

那么，我首先要回溯人类认知活动的最原始形式，那是人类与动物共有的知性形式，也是排除了语言功能的知性形式。人类较之于动物的显著优越性几乎全部拜语言功能所赐，因为动物没有语言。其实，18个月大的婴儿并不比同龄的大猩猩聪明许多，只有他们开始学习说话以后，才能在知性发展上迅速超越并远远甩开同龄的类人猿。由此可见，缺少语言的帮助，即使是成人，在知性程度上也并不比动物高明多少。可以说，如果缺失了语言线索，人类的视觉、听觉、感觉、运动以及人类探索世界、寻找道路的行为都将与动物十分相似。

为了推导出这种意会知识的逻辑特征，我们必须将之与言传知识放在一起进行比较，比较的结果是显而易见的。首先，我们发现较之于一个受过教育的人，甚至仅相对于一个在正常环境中长大的成人所拥有的知识而言，我们与动物共同具有的那部分知识是多么的微不足道！不过，虽然言传知识的丰富与其内在的逻辑特征密切相关，但这种丰富本身并不是逻辑的财富。两种人类知识最本质的**逻辑**差异就在于：人类可以批判地反省以言传形式表达之事，却无法同样去批判地反思对某种经验的意会知觉。

下面，我将以某项意会知识为例，并以言传的形式表达**同主题**的知识，再拿二者来做个比较，以使上述逻辑差异更为显明。我已经表明，人类具有意会地观察和探究生活环境的本能，而在研究小鼠穿越迷阵的表现时，我们发现动物也具备同样的能力。著名的鼠类行为研究专家托尔曼(E. C. Tolman)曾经详细描述穿越迷阵的小鼠。他说，小鼠竟能奇妙地从迷阵中走出，好似胸中藏有迷阵的地图。人们还观察到：当人类穿越同样的迷阵时，如果不借助任何语言和绘图形式的符号标记，我们的表现并不比小鼠高明。当然，人类一定会亲自或设法请他人留下标记来提醒自己，也可以预先准备行经路线的详细地图。地图带来的便利是显而易见的，它不仅能传达信息，更重要的是，根据地图来设计行走路线显然比在没有地图的情况下盲目计划旅程要容易得多。不过，依图旅行也可能面临新的危险，因为地图有可能失真，此时，对知识的批判性反思便有了用武之地。借助于某种言传知识而行事会面临多少危险，我们相应地就会有同样多的机会回头批判性地反思这些言传知识。比如，当我们出门旅行时，每到某个地图标明的地方，即可依据实地观测所见和面前的路标来检验地图上呈现的信息是否准确。

人们之所以能对地图进行这种批判性的检验，原因有二：地图对我们来说乃是外在之物，且不是我们正在绘制和塑造之物，此其一；虽然它是外在之物，却能向我们言语，此其二。地图能够向我们表达一些我们可以理解的信息，无论是自己绘制的地图还是商店里购买的地图，都起一样的作用。不过此刻我们感兴趣的是前者，在使用自绘地图时，我们其实是在向自己复述先前说过的话，所以我们才能以批判的态度倾听它所传达的信息。这种质疑的过程能够持续若干小时，甚至几个星期到几个月。比如，写作完成后，我或许会仔细检查整部手稿，然后还将逐句审校数遍。

显然，这种批判性反省在前语言(pre-articulate)层级就实现不了，因为批判只在行动中才能实现。比如,假若我们对某个地区相当熟悉,便会在胸中自成一幅该地的心灵地图(mental map),可是只有当我们以这地图指导实际行动时才能对它进行检验,一旦迷途,原先的错误认识就能得到修正。要改进非言传(inarticulate)知识,除此之外别无他法。我每次都只能以一种方式视物,如果对自己的所见心怀疑窦,我只能再看一次,那样或许能看到一些与前次不同的东西。只有在从对事物的某一种观点跌跌撞撞转向另一种观点的过程中,非言传的知识才能摸索前进,因此,以这种方式获取和持有的知识可称为**非批判性**(a-critical)的知识。

我们可以将探讨延伸到认知过程,那么意会知识和言传知识之间的差异也将随之大大拓展和深化。诸位不妨回顾一下用三角板绘制地图的过程:我们先是从收集系统数据入手,依据严格的规则处理这些数据。根据清晰确定的推论规则,从这些可明确指认的前提中人们只能推导出规范的言传知识。而批判性思想最重要的功能就在于通过重演推理之链,寻找其中的薄弱环节来检验推论的言传过程(explicit processes of inference)。

至此,两种知识之间的对比已经够尖锐的了。前语言知识犹如广阔黑暗围罩着的一小块光亮地带,那是一块因不加批判地接受由感觉得出的非理性结论而被照亮的地带;言传知识则好比宇宙全景(panorama)——在批判性反思之下建立起来的宇宙。

既然如此,我们还能说知识的个人意会部分主宰着人类思想吗?是的,我们必须承认,人的思想总被一种倾向推动着,力图跨越前语言阶段的沉默,呈现重大言传知识的公开纪录。看起来,个人参与因素是个残留的缺憾,我们必须将之从关于宇宙的科学表述中彻底剔除出去,因为建立一个完全通过精确且逻辑严密的表述构筑起来的知识体系似乎才是我们的理想所在。

其实,这种抬高严密形式化(formalized)知识的价值的做法是自相矛盾的。诚然,一个装备着精密地图的旅人与一个初次踏进陌生区域的探险者相比，前者具有显著的思维优越性，因为探险者只能在摸索中缓慢前行，可是，探险者在这个摸索过程中所取得的成就却要远胜于那个装备齐全的旅人。即便我们承认关于宇宙万物的精确认识是人类最珍贵的精神财富，但随之我们就将发现，人类最杰出的思想活动恰是**创造**这种知识的过程；人们将之前未能明知的领域纳入人类知识掌控之下的那一刻，正是人类思想最伟大之时。这个过程重铸了我们原有的言传知识框架，因此必无法在旧的知识架构中进行，而只能依赖人与动物共有的知性形式来进行——那是一个在摸索中不断重新定位的过程。其实，人类之所以能发现新的知识，靠的正是小鼠在认识迷阵时所用的意会能力。

人类思想的杰出作品中往往内嵌着意会成就（tacit performance），当然，我们无法精确衡量该成就的水平，也就无法将之与动物或婴儿的成就进行精确比照。不过，我们可以重温“聪明的汉斯”的故事，这匹叫作“汉斯”的马儿的观察力远远超过了一群科学工作者。当研究人员们以为汉斯正在思索如何解决黑板上列出的问题时，它却正在观察他们的手势——研究人员在期待汉斯给出正确回应的心理状态中不自觉地做出了一些手势——汉斯以这些手势为线索，做出了正确的回应。诸位请想想：跟那些未受过教育的成年文盲相比，孩子们学起阅读和书写来该是多么迅速啊，他们学得那么的好！可见，一个成人最高的意会能力并不见得超过——有时甚至还不如动物或者婴儿的意会能力呢。成人那无法比拟的巨大成就应归功于他所接受的优越的文化教育，而天才之所以能成就伟业，似乎就是因为他能把青少年时期的原创能力融入成年以后的经验中。

谈到这里，我们能否如愿将讨论往更深层级推进一步？——我们希望证明，在所有的思想层级中，真正起决定性作用的是思想的意会力量，而非言传的逻辑运作。我想是时候了。但首先，还是得仔细推敲意会之力，以形成更精确的定义。我已谈及人们用一种思路——放弃他法——审视事物的能力，也勾勒了我们探知邻近地区道路的过程；我还说过意会力量之所以能取得这些成果，皆因重组（reorganzing）经验，从而获得对经验的知性控制。所有这些运作均可涵盖在一个语词——**“理解”**（understanding）——之中，涵盖在“摄悟”经验的过程之中，或者说涵盖在人类确证（make sure of）经验的过程之中。

这会儿，我们必须在“理解”这个语词上花些笔墨了，我不能趁人不备把这个看似无碍、实则将引起尖锐争论的词语悄悄走私进来。事物的实在总是隐藏在表象的后面，一直以来，有股强大的批判性思想运动始终在试图消减那些带有形上意义的摸索实在的追寻。自然科学的教训在于它认为自己只是经验的描述，一种只要代表了某种共性的个例就可以被视为解释了自然界某个事实的描述。而且自然科学假设这种事实的表达式（representation）只能被简化事物描述的冲动所左右，那些和它对立的解释就被看成自然科学之事实表达式的竞争性描述，人类似乎必须得在这二者之间选择一个更为方便的解释。现代科学排斥任何理解隐性的事物特征的努力，现代科学的哲学谴责任何此类行为，认为它们含糊其词、导向歧误，彻头彻尾地误入非科学。

但是，我不愿理会这种警告。虽然理解的过程所指向的东西已远远超出严格的经验主义者所界定的合法知识领域，但是我正是对这些经验主义的观点不敢苟同。如果连贯地运用这种经验主义的思路，我们就将质疑一切知识。可见，只有当经验主义未被连贯运用时，我们才能将之视为真理并加以拥护。经验主义无情地肢解了人类经验，这使它在科学的严密性上赢得崇高的声望，也使人们忽略了它在根本上的种种缺陷，由是，它才能以不连贯运用的方式而存在。一旦承认“理解”是人类认知的一种合法形式，我们也就开始致力于将人类思想从强暴而无效率的专制主义中解放出来。

这是一段关于理解之形上面相的题外话，现在我们得把讨论拉回引出这段题外话的旧主题上去了。纯粹的思想意会过程就是理解的过程，这个我已经证明过了。接着我要进一步阐明，对语词或其他符号（sign）的理解也是一个意会过程。语词可以传递信息，一组代数符号能演绎出一个数学推论，而一幅地图则能展示某个地区的地形，但对它们所示信息的理解却是无法由它们自身来传达的，无论是语词、符号还是地图都不具备这样的能力。虽然信息的发送者会以最便于理解的形式表达它们，但信息的传达效果最终还得取决于信息接收者对信息的知性理解。我们面对某项陈述时，只有凭借这种摄悟过程——人类意会能力的贡献，才能获取其中信息。

当然，对信息发送者来说，道理也是如此。我们得有表达的意图(intention)，才会去陈述。虽然此时的表达意图不一定涵盖了我们实际将陈述出来的所有意义，因为当人们将意会想法付诸语言时，可能进一步扩展脑海中的意图，但无论如何，在言说之前，我们总是大抵知道我们想说些什么。即使当我们完全依赖机械发出陈述，即当我们使用计算机表述意图之时，我们预先也知道自己正在做什么，胸有成竹地确信这台机器的操作符合我们心中的意愿。

至此，我已经把理解的功能延伸到探求我们**意图**做什么、我们的**意思**是什么、我们正在**做**的是什么。另外，单凭手稿或者已发表的作品本身都无法表意(mean)任何事物，只有借由**人**——表述的人、倾听的人或阅读的人，才能**借由**它们意指一些东西。所有这些语义(semantic)功能都来自人的意会思考过程，而描述性话语与其所指事物之间的关系尤其如此。诸位想想地图与地图所表现的特定区域之间的关系，想想我们是如何在读图之中把握住这种关系的；反过来说，请诸位再想想，我们又是如何在实际生活中现场对照地图与实地，以检验地图的正确性。可见，描述性陈述的摄悟过程既得正确把握该陈述与其所意指之主题的联系，也得涉及从该陈述出发对其意指主题的理解。

诚然，如果你选取一个诸如“书在桌子上”这种哲学家们特别青睐的陈述话语为例的话，对这项陈述本身、陈述所意指之物以及上述二者之间的关系的理解可能就无关紧要了。但在人类知识的许多领域，情况并非如此。例如，生物学和医学领域的现象及其规律往往只有那些专家——具备检视研究对象的特殊能力，并能鉴别特殊标本的行家里手才能认识。专家们在此使用的技能就是一种无法完全用言传规则表达的意会的知性成就。我们即将看到，上述事实已经大大拓展了人类的摄悟力。

不过，请诸位暂且在此处驻足。我不知道我们的探讨是不是进行得太快了些？我刚才说，与动物相比，人类所具有的巨大的智能优越性几乎全是拜语言所赐。但如果意会认知的能力真的完全主宰着形式化的言传知识领域，我们还能如此信任自己吗？我们是否真能在言语之间充分发挥这个巨大的知性优势？要完整地回答这个问题，我们先得说明整个人类知性的明确疆界（range），不过，我在这里也只能画出它的大致轮廓。

显然，语言的优越性在于它带来了口头交流。我们从二手信息中获益，尤其是从前人留下的信息、从世代相传积淀下来的信息中收获良多。这事常有人指出来。但话语的好处又不仅在于它的告知功能，话语还能不断增强人类驾驭信息的能力，从而也就使我们自身得到进一步的丰富。刚才我们说过，循着地图探索旅行路线是多么轻而易举！这又证明了贮存一些便利的精练信息将令我们在思考活动中占据显著的优势。各类地图、图表、书籍、公式及其他一些东西，提供了许多奇妙的机会，使我们能认识日新月异的人类知识。而这种认识本身就是一项意会的成就，它既类似于我们在前语言层级所进行的借以获得对周边环境的知性控制的活动，也类似于人类完成新发现的创造性重组过程。

可见，我们完全能在丝毫不损人类意会力量至高地位的前提下，解释言传思维巨大的知性优势。尽管人类在知性上能优越于动物的主要原因是人能使用语言等各种符号，可是现在看起来，这种使用本身——积累各种题材之细节，深思熟虑，不断重组，然后将之用符号表述出来的过程——是一个意会的、非批判性的过程。这个过程与理解和意指的过程异曲同工，都是在我们脑中意会地实现的，而不能由书面上的符号操作来完成。可见，人类的整套言传装备只是一个工具箱而已，或者说是实现人类意会才能的有效手段。诸位不要再犹疑了，很显然，知识的个人意会协同(tacit personal coefficient)也主宰着言传知识的领域。这样一来，我就证明了在所有层级中，知识的个人意会协同都表征着一个人最终获取和把握知识的能力。

最后，我们终于可以理直气壮地应对本演讲之初由意会知识的非批判性引发出来的问题。诸位应当已经发现：当我们试图理解或意指某对象之时，当我们重组我们的理解之时，再或者当我们将某项陈述与它所陈述之物两相对照之时，我们其实正在运用自己的意会才能，寻求对该物更完整的知性控制。我们希望澄清和验证被表述和被实施之事，给出关于它们的最精确的解释；我们试图从原有的立场——似乎有些可疑的立场——皈依到更令人满意的立场上去。**逐渐地，由此过程我们终于掌握了某种知识，信任其为真理**。这就是我在演讲开头提到的人类意会作为，一种在我们的言传认知里无法避免的个人参与，一种我们只有抱着非批判性的态度才能看到的意会作为。现在，它听上去应该不再是一种逻辑怪谈了，因为我们已经看到，这种意会的力量在人类知识的全部领域里以各种不同的复杂形式运作着，因为这种力量的存在，我们放心地发表各种特殊的陈述，也正是这种意会力量协同，赋予言传陈述以意义和信念。现在我们似乎已经证明，所有人类知识均是由意会的思想机能来塑造和支撑的，而这种机能为人类与动物所共有。

这个观点将决定性地改造我们的知识理想。迄今为止，认知者在知识塑造过程中的个人参与仍被视为认知中的一个缺陷。一直以来，我们认为这个缺陷理应从完美知识中剔除出去，而现在，我们却承认恰恰是这种个人参与实际指导和掌控着我们的认知能力。我们承认，人类的认知能力完全可以默默地、广泛地运作，不发一言；甚至即使我们说话了，说本身也仅是一种手段而已，是用来拓宽引发话语的意会力量之手段。有人认为严格的客观的陈述方能体现认知的理想，可是现在看起来这个观点是自相矛盾的，而且毫无意义，仅值我们一笑置之。我们应该学会将明显带有个人色彩的知识作为我们的理想。

捍卫这个立场显然是相当困难的。在这个立场之上,我们似乎已将知识界定为可以根据自己的意志决定的东西。在《个人知识》一书中,我已与这项指控纠缠了一番。我指出:如果我们抱着坚定的普遍意向(universal intent)去追寻个人知识的话,它彻头彻尾就是先验的。我已经向大家阐释了这样的理念:人类思想所具有的联系实在的能力以及推动我们去实现这种联系的知性激情,已经足以指导我们得出能借以获取人类特殊使命的领域内所存真理的判断。

* * *

以上每一个简单的提示其实都意味深长,代表了长篇的阐述。因此,我认为现在已经可以理所当然地接受个人知识有效的判断,并着手完善其架构了,这将引导我们朝人文学科(humanities)的方向深入拓展。这项行动还将向我们展开壮阔的前景,因为我希望将自然科学领域内个人知识的认知过程以及作为所有知识之依归的关于人类本身的知识都纳入一个不断变化的认知概念中;我还希望自己能将这个概念迅速推展到摄悟人本身的过程中去,使我们明白自己才是一切道德判断和社会生活中人们参与的所有文化判断的源头。虽然我所做的是很粗略的概述,但我相信大家在我的描述中已经清晰地看见了一幅透视图(perspecitive)。在这幅透视图景之中,人类不同面相在本质上的一体性(unity)暴露无遗。

意会认知的结构在理解的行为中显现得最为清晰。这是一个**摄悟**的过程,将互相脱节的细部整合成一个综合的整体。在过去 40 年里,格式塔心理学家仔细地追踪着这个过程的本质特征。可是,他们的研究还是遗漏了这个主题的某个方面,而且,我认为他们所遗漏的恰好是对人类理解知识及相应地鉴别宇宙中人之地位的过程具有决定性作用的方面。这些心理学家们认为人类感知形态的过程是被动的,他们忽视了它所代表的一种认知方法——实际上可以说是最普遍的认知方法。他们也许不乐意承认知识是由认知者的个人行为来塑造的，我们却不这样看。现在，诸位已经意识到个人参与因素实际主宰着言传和意会两类知识，那么我们就得预备把格式塔心理学家的发现推转到一个关于知识的理论体系中去：一个最初以对摄悟行为的分析为基础而确立的理论。下面，我想先为诸位大致勾勒这个理论体系的轮廓。

未见细部，我们无法理解整体，但我们能在未曾摄悟整体的情况下看见细部。因此我们可以从知识的局部出发而迈向整体。这样的过程可能不费吹灰之力，也可能是相当困难的，事实上，可能非常困难，以致这个过程的成就本身就意味着一项发现。不过，我们得承认在所有此类过程中，起作用的都是同一种摄悟力，一旦摄悟实现，我们似乎就不可能再失去整体的视野。当然，摄悟的过程也并非完全不可逆，当我们非常逼近地审视整体中的某几个细部时，完全可能成功地将注意力从整体挪开而投向细部，以致完全失去整体视野。

现在，我们可以将心理学家们的观察转置成那个关于知识的理论中的一个元素了。可以说，当我们将某一组项目作为一个整体的细部加以领会之时，注意力的焦点便从当时还未被摄悟的特定细部转移到对细部之间连接点的理解上来。这个转移并不意味着我们丧失了对细部的把握，因为对整体的认识只能源于对组成整体的细部的认识，但是这种注意力的转移**彻底改变了我们意知细部的方式。我们从注意力集中之处的整体的角度入手意知细部。**我把这称作关于细部的**支援意知**(subsidiary awareness)，以与关于细部的**焦点意知**(focal awareness)相区别。焦点意知将注意力集中在某个特定细部来认识，而不是将其作为整体的一部分来加以意知。焦点意知探求的是**焦点**知识(focal knowledge)，相应的，我也要来谈谈由支援意知而获取的**支援**知识(subsidiary knowledge)。

我这就着手向各位举例说明支援知识和焦点知识的区别所在，同时我将向大家展示这种差异如何超越意会知识和言传知识的差异。无论是语词、图表、地图还是其他符号形式本身，都不是人类注意力所指的对象,我们真正关注的是它们意指之事。如果你把注意力由某种符号所表达的意义转移到这个符号本身上,将之作为观察和摄悟的对象,那你就破坏了该符号要表达的真实意思。诸位不妨尝试一下,如果我们将“桌子”这个普通的语词重复念 20 遍,甚至更多遍,那么此时只剩下了无意义的空洞声音在耳边回响。符号只能是表达意义的手段,只有当我们将焦点注意力集中到符号所代表的意义上时,符号的工具功能才能实现。这个道理类似于机械、探针和光学仪器等其他工具的运作原理。工具的价值只能寓于其目的之中,只有当人们关注工具的目的,把工具本身作为支援手段之时,它们的价值才能实现。相反,如果人们把工具本身作为观察对象,它们就不成其为工具了。这就好比网球拍的例子,如果忽略眼前的球场或者球,转而关注球拍本身,那网球拍的妙用也就消失了。

这些例子体现了一个基本观点:使用工具,人类既可以增长双手之能,也可以拓展人体感官所达的范围。我们把自己投入(pour into)工具之中,才能更自如地运用它们,使之与我们融为一体。同理,我们也应该意知到自己的身体在宇宙中所担任的特殊角色,我们永不应把自己的身体作为注意力指向的对象。一直以来,我们的身体只是一种基本工具而已,用来实现对周围环境的知性与实际控制的工具。因此,每一个清醒时分,我们都在支援意知中感觉到肉体的存在,而将焦点意知指向我们周遭的环境,借以获取焦点知识。当然,我们的身体也不是普通的工具,**我们由意知自己所知和所做的事而意知自己的身体,从而感觉到自己正在活着。这种意知是敏感而活跃的人之存在的精华**(essential)**部分。**

在其他形式的支援意知中,我们同样可以发现这种存在的特征。每当我们将某种工具同化为身体的一个部分时,我们的身份就会发生某种改变,扩展而为新的存在模式。上文已经证明,人类知性的全部领域均是以语言的使用为基础的。换种表述,我们可以说在我们吸收人类言传文化架构的过程中,人类优越于动物的一切精神生命就在我们内心中被唤醒了。人类现代文化中关于事实的言传陈述的巨大积累也在我们心中引发了同等程度的控制事实的欲望的激增。从某种角度而言，支援意知是人类的精神家园，我们的思想便安居于我们支援意知到的主题之中，知识的言传架构最终也作为“理解”容身的乐土而被我们接受。这架构是理解生存与成长的土壤，对清晰与连贯之理解的热望在这里将日益得到无穷的满足。

我所展开的区分支援意知和焦点意知的论述已经涵盖了言传知识和意会知识的领域。我的论述折射出这样的事实：一切理性认知中都涉入认知者存在的参与(existential participation)，这种参与出现在那些被认知者支援地意知为具有结合点意义或者目的的支援细部上。只有完全孤立、彻底无意义的事物才能吸引我们的注意力，使人类注意力的焦点固着在它自身上，但即使在这种情况下，我们也能支援地体知到我们的身体根据该事物的定位而做的调整。

诸位都看到了，当注意力从焦点转向支援的细部时，摄悟的过程将被彻底破坏。因此，人们经常能在注意力从未聚焦细部的前提下理解整体，这种情况不足为奇。此时，我们其实对细节一无所知，如果说得更准确一些，应该是**焦点性的无知**(focally ignorant)。我们仅是从这些细节结合之后所具备的意义着手，支援地体知到这些细节，但并不知道这些细节本身究竟是什么。实际技能与实际经验的内涵远比掌握某一专项知识的行家们所能言说出来的相关信息丰富得多。那些为我们所知但并不处于意知焦点的细部知识是无法被一一指认出来的。实际上，与生命物质相关的许多领域之知识多半属于这类情形，人的容貌即如是。我们认出一张脸时，并不能确切地说出我们是通过认出了哪些细部，而把这张脸给认出来了，相反，对这张脸，我们只能做一些相当含糊的描述。对人之思的理解也是如此，**我们只能通过内居于一些无法确切指认的细部——其外在表象的某些细部而综合地理解人的思想。**

这个以摄悟理论为基础的思想概念指出，我们用来摄悟他者思想的摄悟能力同时也为他者的思想所具备。因为我们正是从思想外显出来的一些无法确切指认的显象(manifestation)中摄悟思想,而引导摄悟行为的这些外在表象又恰是思想之居处。同时,这些表象也是被观察者的身体活动——我们正在摄悟他的思想——而他本人也只有在支援地意知到自己正在实施对周遭环境的知性控制时,才能感知到他自己的思想正在实施的这些身体活动。事实上,他或许也正悄然地摄悟我——正对他之思进行观察的人——的思想。也许,我们正内居于彼此之思的外在显象之中,互相揣度掂量着。

到此为止,我们完成了一个连续的过渡,从个人认知过渡到两个平等主体之思的碰撞和交流上来了。我们先前已试图揭示那种针对人类不同面相的统一透视法,而这个过渡就可看作我们朝既定目标所迈出的一大步。

不过,对于摄悟现象的某些特征,刚才我只是稍做了些暗示,现在我们得对它们投以足够的重视。我曾经谈起我们的“**理解热望**”(craving for understanding),也曾提及那股促动我们与实在密切接触的知性激情(intellectual passion)。这种激情正是人类追求远大理想的强劲动力。不错,如果说在我们赋予自己的身体以新的存在模式时,知识塑造方才完成,那么知识的追求就应是在人类生命最深层力量的推动下实现的。在实践中我们发现,假如在解决某个难题时屡遭挫折,主体的情绪平衡就将被破坏,即便是动物,情况也是如此。谈到人,可以说人的整个感觉世界和知性系统都是被他继承的言传文化传统所唤醒的。我们也知道,在受教育者学习传统的整个过程中,每一点滴的丰富都来源于其成长中的思想的自发行动。对一颗敏锐的心灵而言,任何一个貌似可知的事物都暗含着问题,激励她去探索新的发现。活跃的心灵便是这样利用每个新的机会迎接改变,这种改变使心灵越加适应不断更新的自我,日益获得更多的满足。

发现、发明——这些语词独特的内涵令我们回想起我在前文中提到过的观点:理解是一种旨在发掘隐藏着的事实的研究。唯有已存在之物,人们才能发现它,而且这些事物往往已经预备着,期盼人类来揭示它们。机械及其他类似工具发明以后,人类似乎生产出了一些原先并不存在的事物。但是,确切地说,只有那些关于发明的知识才是新东西,发明本身的可能性则是早就存在的。我并不是在玩文字游戏,也不想贬低发明和发现作为人类思想的创造性活动的地位,我只想陈述一个重要的事实:当你确信某事物一定存在,并确信它正期待着被你发掘之时,你才能发现它。意知到新事物隐性的存在标志着你的发现已经过半,这时候你已命中了一个真实的问题,并且发出了准确的追问。即便是画家也是在解决问题,而作家的工作更在于无止境地探索文学领域的问题。现今安放于法兰西学院的圣马太雕塑即是这种现象在雕刻艺术领域的鲜明代表,这尊未完成的雕像出自米开朗基罗(Michelangelo)之手。我们可以从这尊作品里看见[尼克里尼(G. B. Niccolini)也曾向艺术学院的学生指出这一点]米开朗基罗曾经怎样试图把自己内居于大理石块内部而感知到的偏离主题的大理石砍掉。

这里隐藏着一条扼要的线索,正好可以解答刚才我暂且搁置在旁的问题:如果承认知识是由认知者塑造的,是否就意味着知识可由认知者自以为是地决定?认知者充满激情地探求某项课题的正确解答,这令他没有机会武断决策。虽然他不得不揣测,但他也必定竭尽全力以求做出正确的揣测。对研究对象之真实存在性的感知能使我们免受主观偏见的左右,从而令塑造知识的过程成为负责任的人类活动。并且,这种感知也赋予人类发现行动的结果以普遍的有效性。因为当你坚信你的发现揭示了一个隐藏的实在,你就会盼望你的发现被其他人同等认可。即便我们承认那些许可个人思想在知识塑造中施加力量的特殊机会将给人类知识带来一些局限,但接受个人知识的有效性也就意味着接受这种现象的合理性。这些特定机会可视为知识塑造者的使命——决定其责任的使命。

我已说过我赞成这个观点,无意在此争论这个问题的细枝末节。我还认为一项富含激情的"摄悟"必会欣赏摄悟之物的完美,这种欣赏在伴随发现进程而来的情绪高潮里暴露无遗。激情寻求满足,知性激情则期待知性愉悦，关于这种愉悦的源头，最普遍的说法是“美”。我们的思想为美的问题所吸引，期待美的答案；心灵在美之发现的重重线索中沉迷，不懈追求美的发明。事实上，如今我们从科学家和工程师口中比从艺术和文学评论家口中更频繁地听到美。现代批评家希望呼唤理解超过希望唤起赞美。但这仅是重点的转换而已，因为所有的理解都赞赏其理解对象的可理解性，仅仅因为被理解，一件复杂艺术品的内在和谐性就能唤起我们由衷的赞叹。

不过，我猜想几分钟前，至少在我提及米开朗基罗那件未完成的杰作时，诸位已经开始怀疑我是否偏离知识理论的主题太远，我是否过于心不在焉，以致跨过了那条界限——那条被用以严格区分实体知识与价值欣赏的界限？不，我特意从事实谈到价值，从科学谈到艺术，以便顺利推导出这个诸位将十分惊叹的结论——人类的理解能力同等地控制着所有这些知识领域。从我承认知性激情是为“摄悟”的真实动机的那一刻起，就预示了这种关联性的存在；而从我们放弃超然的(detached)知识的理想那一刻起，十足客观之知识的理想实际上也就随之被我们放弃了，由此，纯粹客观的关于事实的知识与激情四溢的美的价值之间的鸿沟也将消失。

单从物理学到应用数学，然后更进一步到基础数学，一个完整而连续的从观察到价值的转变过程便在精密科学的内部实现了。即使是物理学这样以观察为基础的科学，也颇为倚重知性之美。任何一个对美感觉迟钝的人，都没有希望在数学物理领域完成重要的发现，甚至无望准确理解现有的数学物理理论。在应用数学领域的研究中，比如在气体力学中，观察的作用大大削弱，数学旨趣倒常常成为主导。可是当我们一回到基础数学领域，例如，在数论研究中，观察就彻底没了用处，只在我们涉及整数的概念时经验才会被偶尔提及。基础数学向我们呈现了一个壮观的知性架构，它是理解的安居之所，完全是为着满足我们追求理解的愉悦而搭建起来的，在这个领域我们别无他求；任何不热爱数学，不欣赏数学本身内在壮美的人对这个领域都将一无所知。

从这个论证再延伸到艺术领域，例如延伸到音乐知识仅有一步之遥。音乐是一组复杂的音符组合模式，人们为享受理解音乐的愉悦而创作音乐。音乐与数学一样，好似些微地折射出以往的经验，但仔细琢磨，又与经验没有确定的联系。它将理解的喜悦发展成寄托感情的大量音阶，只有那些具有特别的天赋或受过专门教育，从而能理解其内部结构的人们才能准确理解音乐。数学是概念的音乐——正如音乐是感觉的数学。

现在，我们可以拓展我们的透视法，将之适用到人类思想的全域了。正如音乐和数学向我们演绎的道理一样，人类的全部知性世界——智力、道德、艺术、宗教理想——就是被内居在理解的知识架构里的人类文化遗产唤醒的。因此，承认理解是认知的有效形式，其实也就预示了以下的过渡：从研究自然过渡到研究负责任行动的人类，他们在普遍理想的苍穹之下谨慎行事。

第二讲　人之使命

在上一讲中，我以一项意义深远的承诺为结束。我提到，承认理解是知识的有效形式使我们得以用另外一种实质上完全相同的方法来研究一切人类经验。事实上我已在那一讲里勾画出一条思路，这条思路指引我们从精密科学平稳地过渡到人之研究，甚至还可以走得更远，直至使我们的研究领域到达在普遍义务的苍穹之下致力于做出负责任的抉择的人类。

这会是一项激动人心的研究规划，但它显然太过庞大了，这使它无论具有多杰出的优点都难以在此完全展开，使诸位心悦诚服。因此，本书只能论证它的一些显著特征，在我们的这项研究将会遭遇的许多问题里，这些特征必会日显清晰。上一讲我们提出了责任的概念，诸位尤其会发现，在这个责任概念的周边，将引发出一系列相当麻烦的问题来。

我说过，认知者可以宣称自己对知识的塑造具有普遍的有效性，因为这种塑造是服从心中严格的责任感而完成的。不过，尽管这个道理运用在自然科学领域里相当合宜，但若将之应用于研究在人类义务的约束下负责任的人类行为时，难题就将层出不穷。因为该研究所涉及的责任概念之内涵似乎已远远超过了我们在承认个人知识的效力时所意知到的责任内涵。在这些研究里，我们不得不去理解一些主要与道德义务有关，但同时也可能与公民义务甚至宗教义务有关的人类行为；在此过程中，我们又不得不应用一些本身就是以道德、公民或宗教信仰为基础的判断来从事我们的研究。

但是，我们能认可一项由我们的道德责任与公民责任所塑造的理解吗？众所周知，何其多的责任处于政治义务的笼罩之下！我们也知道，这些义务是如何转变成现有体制的一个组成部分！要不然也仅仅是政治党派性（political partisanship）的一种表达而已。既然如此，我们是否还要赞成这套承认知识塑造有赖于此种短暂而狭隘之义务因素的推动的知识理论？的确，我们无法接受那种由权力之争与利益之争的结果所决定的判断为真。可是从某个角度而言，承认人类知识塑造中人类负有道德上的责任，也就不可避免地要随之接受某种偏执、成见与腐化。由认知者负责任的决定而建立起来的个人知识，从而也就堕落为对它自身的无情讥讽。

我想，这说明我所建构的个人知识的概念尚不坚固，我们得另起炉灶，使用一些新的语词，这些新的语词所伸展出来的人类责任的概念不应被人误解为政治和商业的从属。

以反省的眼光来看，这项任务似乎又是一个更为宏大的问题的组成部分。若要为人类责任辩白，使之免受社会背景的强迫，我们必须首先证明一个有能力自主决策的人类思想之存在，这思想的存在处于纯粹由物理和化学规律控制的人类身体之中。可是，我们还得注意到一个事实：此刻我们试图强化的生物人恰恰是从无生命的宇宙中进化而来的。另一方面，我们必须面对一个似是而非的矛盾：人所做的结论越是理性，越是不带个人感情色彩，就将被视为对个人判断的越高程度的反省。问题实在太多了，尽管我们无法在此逐一考察它们，却也要构筑出一个人类尊严和义务的概念来，以免这些问题令我们猝不及防。

开始论证之前，我们先得重温并强化这一论证的基础，个人知识的理论提供了一项关于"意义"的诠释。根据这项诠释我们发现，唯有通过"摄悟"的活动，人类方能获取有意义的知识，而这种摄悟活动（act of comprehension）就包含在我们将自己对一组细部的意知融合为对整体意义意知的过程中。这样的活动必然是个性化的，因为它将所涉及的细部同化为我们的身体装置；我们只有从焦点意知观察到的事物入手，才能意知到它们。

接下来可以谈到知识的两个分类了。在以通常感觉来认知某物时，我们的焦点意知将指向该事物本身；而在我们以支援手段来意知某物时，意知到的并非该物本身，此时，我们仅是将该物作为意知他物的线索或工具。这种意知随知觉的不同层级而发生变化，其结果是我们可以从两种意义上来理解某个被摄悟之物的细部可能无法逐一指认的现象。我们可能在完全无意识的状态下根据身体过程所提供的线索意知到某物，或者说无意识间由身体察觉到外界某物而形成对该物的意知。一个极端的例子是人们注视某物时，能对人眼中所发生的过程产生意知。正是根据这些过程所观察到的事物，人们才意知到了人眼中发生的生理过程。而在其他一些情形之下，我们只是模模糊糊地意知到这些细部的线索作用。凭借一些无从确切指认的细部——除非是相当含糊的描述——我们能迅速认出一些熟稔的事物，比如亲人的笔迹和声音、某个熟人的步态，甚至品出一份熟悉的精烹细作的煎蛋卷。此外，诸如医生辨认某种病症，进行诊断以及鉴定标本的例子，道理也是如此。在所有这些情形下，我们都不曾确知组成整体的细部，可却"摄悟"了整体。在此，我们所谈到的这些被摄悟到的整体都由**无法确切指认**（unspecifiable）的细部所构成，**因为这些细部是未知的**。

但是在一个细部本身成为注意力的焦点，而该细部所指向的意义却超越其本身——亦即认知对象为细部本身——的情况下，这个细部常是完全可见或可闻却又无法确切指认出来的，此时该细部已经失去了作为线索或符号的功能，随之也就失去了它应有的意义。我刚才提到过，若多次重复一个单词，就可能使这个单词蜕变成一个不具任何意义的声音——只是声音而已。同样的道理，我们对某件物品的意知也可能随着我们将注意力依次转向组成该物品的各个孤立细部而被逐渐消磨掉。"摄悟"对象整体的**肢解**（dismemberment）将**使我们失去对这个理解整体的把握，从这个意义上说**，关注某个整体的细部，**是无法摄悟出这个整体的**。以上这两种无法确指，包括较强势的一种——由于我们漠视在理解中处于支援性位置的细部而产生的无法确指，以及较弱势的一种——因为这些细部的纯粹功能性意义而引发的无法确指，它们都将在我的讨论中各司其职。

我大致将沿着以下思路进行讨论：首先，我要阐明个人知识的两个层级，即分别关于摄悟对象之整体和细部（此处的细部特指那些无法借其来摄悟整体的那些细部）的知识，代表着**实在的两个不同层级**；其次，我要揭示由支援意知和焦点意知间的差异所派生出来的、在两个知识层级之间存在的一种奇特的内在逻辑联系。一旦我以实在的两个较低层级间的比较为例，建立起此种内在逻辑联系，我就可以以此低层级为起点，在持续上升的一系列层级中确立起这种联系，直达负责任的人类品格。在这样一个框架之中，即便我们承认人类的起点是一个低层级的生存状态，仍然存在做出负责任之抉择的可能性，尽管这个低层级的生存状态并未为此种选择留下空间。说到这里，我想拿发现行为与我们正在谈论的此种选择行为来做个比较。这两种行为都是为追求个人自设理想而进行的，因此总是竭力试图发挥最大程度的个人主动性。承认人类拥有选择与发现的自由，就意味着同等承认个人理想的效力。如此一来，我们也就顺利巩固了个人知识的概念赋予负责任的选择行为的地位。

* * *

我首先要考虑到的两个实在层级都来自无生命界。上层由机械构成，从打字机到摩托车，从电话到摆钟，一切机械都将被纳入这个层级；这其中每一类机械都有千百种不同的型号，而每种型号又是在数以千计的不同样本里存在着的。至于下层，则是指那些组成机械的零部件，我们暂且要将这些零部件作为机械整体之组成部分的功能搁置在一旁，而只将其视为无生命物体。

首先，我要阐明从上述两个层级中的下层物体出发，我们是无法确切指认出上层机械的。把一只手表拆散，任凭你再仔细地一一检视这些散件，终是无法从中探究到手表计时的根本原理。这事听上去似乎无关紧要，但其中恰恰蕴含着决定性的意义。根据这个逻辑，我们可以得出以下的概括性结论：既然对无生命物质的研究组成物理科学和化学科学，对机械的研究构成工程科学，那么从物理学和化学出发，无法确切地指出工程学的原理。让一群物理学家和化学家详尽分析和描述某种你意图指认为机械的对象，你将发现他们得出的结论决然无法使你明白该对象是否是一种机械，以及如果是，这种机械的用途和工作原理究竟为何。

这事的原理其实很简单。物理学和化学的教科书并不涉及机械工作的目的，而工程科学则详尽论述此类目的，诸如通讯、交通、制热、照明、纺织以及数以百计的各类制造工艺的目的。因而工程学能说清楚人类在机械帮助下实现这些目的的方法，物理学和化学却不得其门而入。

不过，这些观察未免失之肤浅，为免诸位忽视它们，我准备换个说法以使其真正的意义范畴更加明确。为论证之便，我先假定拥有一个关于无生命物质的完全的原子理论，那么我们就可以来谈谈拉普拉斯所谓的“宇宙心灵”(universal mind)的运作过程了。根据这个理论，当我们已知某个时刻世界上所有原子的初始方位和运行速度，并洞悉这些原子间的作用力时，拉普拉斯宇宙心灵便可以计算出世界上所有原子的任何未来状态，从此结果还可顺利推出它们在未来某一时点上确切的物理和化学地形。可是，现在我们已经发现有那么一大群物体存在，它们为数众多且变化多端，即便建构起它们的完整物理形态和化学形态，我们亦无从辨识它们，更不用奢谈理解了，因为它们的运作目的是无法仅凭物理或者化学的方法来确切定义的。由此可见，拉普拉斯宇宙心灵也有相同的局限：它既无法辨识任何机械，更无从说明任何机械的工作原理。事实上，举凡任何将意义含于操作流程的对象或过程，都无法为拉普拉斯宇宙心灵所辨识。因此，除了对机械，还包括对任何种类的工具、食品、房屋、道路、书面记录和口头信息，拉普拉斯宇宙心灵均一无所知。

为了进一步扩充这个结论，我们可以回顾一下，根据个人知识的理论，所有意义都含于对统一在某个融贯整体之下的一组细部的摄悟过程中，这摄悟是一项非常个人的行动，它永远无法被形式运作取代。显然，拉普拉斯宇宙心灵对意义理解甚少，因为它虽然确实能借助分子运动论，从关于原子形态的知识中推导出一些物理和化学的现象，但对于那些真正有意义的对象，例如生物及与生物息息相关的事物，拉普拉斯宇宙心灵永无法把握。人们曾以为这数学怪物能从初始的白热宇宙中的原子形态里预测一切人类行动的未来，而事实上它只能对那些与人类利益无甚关系的事情做出预言。当我们更贴近地去审视实在的两个联系层级间奇特的逻辑关系时，这个结论将更加笃定[1]。

话题得再度回到机械上头了，我们要来定义知识的两个层级之间的逻辑关系，这两个层级的知识被分别独立地应用于机械里——或者作为有组织的机械整体的知识，或者仅作为机械中某一个无生命的零部件的知识。机械总是由一些零部件组构而成，它们循着特定的操作规程共同运作，以实现某个规定的目的。工程科学掌握机械的运作规律，物理学和化学科学对它们却没有涉猎。但众所周知，当机械的运作规律向我们展述零部件作为机械的器官，在实际操作中实现机械功能的过程时，我们已经先验地将这些零部件的物理和化学特性假定为实在的前提。这些零部件得由合宜的固体材料制成，它们得足够坚固以供操作，还必须具有不挥发性和非水溶性——因为在气态或者液态世界里我们做不成任何机械。事实上，机械工作原理完全得依靠固体力学，也许很大程度上还要借助物理学的其他分支，尤其是电子动力学。机械运作原理与物理学、化学之间的普遍联系由此可见一斑。机械正常运作需要零部件具备某些物理和化学的特征，因此，我们也可以说它代表了**机械成功运作的必要条件**。

从这个规律中我们清晰地看到，物理知识和化学知识对形成机械运作知识和理解机械运作规律具有补充作用。假使我们把机械运作原理当作工程科学自个儿的事，那么它倒确实能解释机械成功操作的原理，因为这些正是基础科学的盲点。但另一方面，唯有运用物理和化学知识方能真正说清楚要在实践中成功操作机械必须具备哪些前提条件。因此，在某些情况下，只有物理和化学手段的检测才能查出机器故障的原因，纯粹的机械科学却做不到。

但知识的这两个分支在地位上是相当不对称的。指认出一台机械是首要的，而这是多少物理化学实验都无法完成的。除非是完全在设想的方向上运作，并由先前的机械知识所引导，否则所有的物理或化学实验在实践中都将毫无意义。单凭技术知识，我们能从机械成功操作的角度出发，认识机械的本质，而物理和化学则只能揭示这台机械顺利运作的前提物质条件以及勘察出哪些缺陷可能引发机械的故障。关于一部机械，我们能获得的高层级的实在知识在于对其设计目的和实现目的的理性手段的理解；相反，对于一部机械来说，单纯的物理和化学知识**本身**是毫无意义的，因为它缺乏机械的目的或成就概念的支撑。只有当物理或化学知识被用以确立某种机械成功或失败运作所基于的物质条件时，它们才具有实在的意义。

在上述这个最简单的例子中，我们已分析了实在的两个连续层级的知识。经过简单的概括，这分析结果即可适用于论证一系列更为重要的持续上升的层级。首先，让我们把动物身上类机械的面相纳入机械体系中来。将动物视为机械的观念始于笛卡尔。一个世纪以后，拉·美特利(La Mettrie)将之推延至人类。近来，随着电子计算机与自动调节设置的发明，这观念又被充实为一个普遍的生命功能理论(theory of living functions)，甚至包括了人类的思维过程。尽管我不认为这个理论可以在如此之广的领域里大行其道，但显然我也承认在某些方面动物身体确实具备类机械的功能。时至今日，为数众多的专利由体现身体功能的机械获得：工程师依据机械运作的规律发明了一大批新机械，它们体现了诸如心脏、肺、眼等身体器官的功能，并取得专利。所以，我们现在完全可以对分析机械两个层级知识的意义的过程中所得出的结论进行归纳，毫不迟疑地将之适用到动物体的某些类机械运作上。

不过，这时候我们却遇上了一件怪事：许多生理学家一致认为身体的类机械运作都能从物理和化学知识的角度阐释清楚；只有**少数一些**生理学家认为无须运用物理和化学知识来解释这些身体运作——因为它们说到底只是有机体的过程，这一过程我马上要提到。那我们是否应该完全排斥科学生理学主张的基本假设呢？

我认为答案是肯定的。生理科学实际上已经并且将会继续建立在一些迥异的意会地执有的假设上。它寻求建立健康有机体的运作原则，这些原则与纯粹工程学原则具有相同的结构，这些原则分析有机体各个不同器官正常工作时共同实现的运作目的。关于动物体的任何物理化学分析都不能独立探明任何一条"有机体过程"的运作规律，因为正常运作着的器官和器官功能的概念都无法用物理和化学词汇加以表述。而且，关于某有机体完整的物理和化学形态的描述是毫无意义的，只有在应用到生理学的具体问题上时，物理化学的研究才能真正推动生理学的发展，而这些具体问题的表述又须借助先前已知或已猜测到的运行规律。对生物体的物理化学探寻只能够设法获知有机体功能实现的途径，并排查可能导致其功能障碍的原因。

为使这场讨论充分发挥作用，也为了进一步归纳其内在关系，我要再次假设我拥有拉普拉斯宇宙心灵之力——那种能确立任何对象的完全原子地图并计算出未来任一时刻这幅地图形貌的力量。请诸位想象一下，假如这种力量被应用到一只活着的青蛙身上，情况将会如何？——之前我们要先对青蛙有所知，要能辨识出某只特定的青蛙，还要能区分出活青蛙和死青蛙的区别。缺少了对这些综合特征的预知，拉普拉斯将找不到用武之地。而即使我们已经有了这些知识，拉普拉斯帮我们获得的信息仍旧微不足道，除非我们能从中辨识出更深层的摄悟特征——那些体现不同器官的存在、描述它们各自的功能特征——不仅包括类机械的运作，也包括诸如发育或新陈代谢这样的调节过程或有机过程。而我们真能从拉普拉斯关于原子结构的预测中辨识出这类深层的特征吗？其实，辨识这些特征只有在发现对象结构内部相关的生理形态和模式的前提下才能做到；而为了发现有关形态和模式，我们又必须借助生理学家的某种能力——从对生物活体正常行为的观测中找到类似我们刚刚所需的特征，从而指认出摄悟对象整体的那种能力。

现在我要从略微新一点的角度来概括这个结论。对生物和生命过程的认知得凭借个人的摄悟活动才能实现。如果一项观察能证明某个摄悟有诈或摄悟整体不存在，那么这项观察就能，也必将合法地瓦解该摄悟。生理科学假定生物的各个器官和相应的器官功能都是实在的，那么它就得以能够确立上述全部假定的知识为基石。任何从细部器官出发对生物体进行的说明，只有在揭示了这些细部器官在生物体内作用的方式以后才能生效。这样的分析能够得出生物体正常工作所需的物质条件，指认出削弱其功能或使其停止工作的问题所在。

因为我只能粗略地展开论述，所以此处所使用的“生理学”一词实际上已涵盖了所有关于生命过程较低层级知识的研究，包括解剖学、胚胎学以及描述性动物学和植物学的研究。谈到这里，我们已经可以把讨论迅速转向由动物和人的积极行为组成的高层级知识范畴。在该范畴中，我们必须直接面对处在某个活动中枢（active centre）控制下的个体存在，该中枢是动物体内的欲望感知（appetitive-perceptive）机关，它能察觉个体的意图——满足个体热望或减轻个体的恐惧——在这意图的指引下协调动物的主动活动。动物这种由中枢控制的行为模式大多是与生俱来的，但它们——从虫类以上所有动物——全都能在现实生活中学得新的习性，从而更好地适应新环境的需要和它带来的各种机会。实验生理学家已经对动物身上的这种学习能力进行了广泛的研究，而我想做的则是比较科学对动物所做的两个层级研究——在此一层级上的研究和在生理学层级上的研究——的逻辑结构。

诸位想想关于学习的研究。在关于学习的研究中，我们力图理解一项理解完成的过程，也就是说我们的研究论题会落在某项活动上，某项类似于我们进行的认知的活动。例如，假如我们给一只老鼠下达任务，令它寻找走出迷阵的路径。这种知识大多是无法被确切指认的，因而至少是老鼠探得的关于迷阵的经验性知识将同等地无法确指。某些时候，我们会说老鼠的行为已开始表明它掌握了迷阵的地理图形，因为这些行为变得与我们的感觉相似，假如我们不再使用语言的线索，只能装备与鼠类相同的感觉器官，那我们的感觉也只能与它们的反应相似。

只有通过对细部——这些细部共同组成了一个有意义的整体——的支援性意知，我们方能知晓这个意义——这个理论被鲜活而深远地应用在此处，而且在支援性感知的过程中，这些细部已被我们的身体器官所同化。推广到我们的学习经验中，这道理就意味着我们必须内居于我们试图探查和理解的对象之中方能认知，正如此处，我们得内居于鼠类知性所无法确指的显象里。实际上，这种内居是某种更普遍原则的一个特例。只有内居其中，我们才能真正知觉到一只动物的知觉。因此，我们针对一只动物的欲望和感觉生命所能拥有的一切知识全得归功于我们的内居能力。假如我们面对的是一种感觉能力大大超过人类的动物，比如返家途中的鸽群，我们就不得不将自己的经验加以概推，才能真实体会鸽群的感觉。说到底，我们能认知乃是因为我们始终坚信，动物具有类似于人类的感觉过程，正如它们有一具与人类结构相似的身躯。

感觉使我们有望在对动物的认知中不断获得新的知识，同时也埋下了犯新错误的可能性。生理机能有碍是因为疾病或伤残，而感觉机能有碍也是因为病理上的失调，当然具体操作也可能**出错**。这里暗含了一个新的特点：如果我们说一只动物有能力犯错误，其实已经先验地假设有一个理性中枢控制着它。这个中枢的存在显然为我们展现了一个新的存在层级，它存在于生命组成的较低层级——生理层级中，处在诸如自动的类机械过程和调节过程之上。人身上的这个冒险相信、冒险行动的焦点之存在的确已经预示了人体内知性真正存在的焦点。

这里揭示了实在的分层，当我们回想摄悟行动，每个摄悟行动总是期望摄悟到内聚的对象，这一点也直接承认了实在分层的现象，那些居于无生命自然对象层级之上的事物也因此被赋予了特别的意义。对于生物的类机械过程及生理作用过程，我们要判断它们是正常工作还是运作失灵，而对欲望感知中枢这个层级，除掉这种评估之外我们还得加上是非判断。从物理学和化学的角度而言，摄悟的所有层级都是无法确指的，因为科学无法评估任何一种对错。而且，正因为有机体拥有欲望感知中枢，我们不能将其简单视为机械。就这个道理而言，从生命的低层级出发无法确指高层级。接下来我将对这种联系展开论述。

让我们进一步提升，直至欣赏生物等级体系里的最高层——人类自身所属的层级，以达目的。动物虽然活泼可爱，但唯有人类能博得尊重，从这个意义上说人类是最高等级的生物。这个崇高地位也赋予人类特殊的使命，拒绝这种地位也就抛弃了使命。而我希望我们能正视人的使命，承认个人知识之合法性便是这种正视的一部分。

教育能延展人类与其他众生不同的征质。天赋的语言机能使我们能够吸收前人的文化遗产，将之注入自己的精神生命。在我们原有的身体结构上附加一个言传框架之后，我们得以理解经验，逐渐实现精神上的存在。人类思想只能在语言环境中成长，而语言又只在社会中存在，因此我们的思想必定植根于社会。古生物学者和哲学家德日达

(Teilhard du Chardin)将人类思想所内居的文化层谓为"精神界"(noosphere),这个用词相当恰切。

大猩猩已经能表露出精神紧张的明显迹象,每当成功做出一些精妙之举,它们还常流露出明显的得意;但要从这样一些纯知性的微妙波动出发,在自身的精神圈层中建构出整个精神激情的世界,却只有人类能够做到。同我们与动物共有的肉体上的激情相比,精神激情和愉悦并不会被令我们愉悦的物体耗尽和独占,相反还能创造出令他人产生同种激情和愉悦的东西。发明、艺术作品、高尚的行为,都能丰富全人类的心灵。而向来以自我为中心的人类也从此参与了一个无时不在、无处不在的过程。

这个过程奠定了人类思想的精神立足点。让我拿科学做例子,以一种有限的方式加以阐述。科学的培育总是依赖于我们对某种称为科学的知识——与某个系统有关——的炽热兴趣,这样的科学被一批相互信任的专家认可为有效,同时也被公众视为权威。在此,我把科学活动之网描绘为一种对人类精神激情的有效满足,它能永恒丰富人类心灵,这就意味着我已悄然接受了当前流行的科学价值标准,并且也含蓄地承认了时下所有科学探寻共同指向的远景是完善的,同时还意味着我视此种标准和图景为科学生活的精神基础。

正如诸位下面将要看到的,我将把它延伸到人类的整个文化天空中。

所有的文化生活都立足于以下假设:专家所制定的标准总是正确的,因而他们所认知的真理或其他思想杰作不仅合法,还能被无限推广。我坚信人类思想具有发掘不同形式真理的能力,因此我也相信,这种能力必是人类纯思想生活的精神基础。这些基础也规约了人类纯思想生活的社会结构。一个学会尊重真理的人常自觉有权拿他手中的真理与社会——那个教他尊重真理的社会——抗衡。从自己对真理的尊重出发,他也需要得到对他本人的尊重,即便本性并非如此,那些与他基本信念相同的人亦会接受这个要求。这就是自由社会中的人人平等。

对真理的渴望是一种精神激情,更普遍地来看,或者也可以说是对本质上杰出之事物的渴求。这样的心灵渴望通常会与身体的渴望相抵触,以致对真理的需求往往成为一种自我强制活动。在依靠个人选择来进行判断这样一个更本质的背景下,亦是如此。不管是做实验的科学家为下一步实验剔选试剂,还是雕刻家调整下一凿的角度,抑或法官斟酌先前的判例,又或者是新的皈依者犹疑是否该跪伏,个人的判断力在此都拥有一个自由选择的空间。即便如此,个人知识的理论仍要坚持——在自身责任感的召唤之下,我们还是有可能做出合法抉择的。在一个纯粹精神成就的理想案例里,存在一种自我强制的过程,通过这个过程,每条线索都极度紧张着,指向正确的解决方法——这种极度的紧张最终会将那个正确的选择强加给选择者。这种判断以细部的无法确指性观点为前提,它很大程度上被个人将自己内居入摄悟对象的参与所影响,事实上也许正代表了个体原创性的主要功绩。但也因为这个行为的实施最终绝对服从于主体对实在的理解,所以并无损行为的普遍意向。这就是我们关于人类责任心的假定,以此假定为精神基础,我们构思了一个自由的社会。

人类责任感的定义树起了一个理想。既然是理想,虽然不一定能完全实现,但也必不可被全盘放弃。在我所提出的基础工程学里,涵盖了机械运作的原理,这些理想的地位与基础工程学类似。现在诸位可以回想一下,那些分别犯下不同的愚蠢错误的发明家们曾经怎样描述永动机并试图申请专利来保护他们的构想,但事实上自然律早已排除了将他们所述的原理运用到实践中、推动机械运转的任何可能性,因此我们不得不加以拒斥。可见,换个方式,我为这场演讲所设定的主题也可提问如下:既然永动的汽车是一座无法实现的空中楼阁,那么人类做出负责任选择的理想是否也同永动汽车的道理一样永无法企及?一套物质的系统、一台机械、一个欲求中枢,或者作为一个臣服于主流利益的社会细部——人类的这类特征是否能允许他独立做出一些真实的选择？

这是个古已有之的老问题，但我们既不必也不能在此对它做纵向的历史性回顾，今天，我们只要面对当前的论争就够了。这些理论往往是由我现在正否定的知识理想所引导的，基于一种冷峻地强调无论通过何种方式，世界上的万事万物——包括从《荷马史诗》到《纯粹理性批判》(*Critique of Pure Reason*)的一切人类成就——最终都须用物理或化学知识才能解释的科学，这些理论假定认知实在的道路永恒存在于从基础的细部呈现较高层级对象的行动中。事实上，现今这些理论普遍被视为一种至高无上的批判性方法，抵制着人们心中自以为是的幻象。统治着当前实验心理学的是一种旨在以一个机械模型解释一切心理过程的方法；深层心理学则把人类行为表征为潜层原初冲动的结果；而现今最具影响力的政治历史性解释却假设公共事务定是由经济利益或者权力欲望所决定的。摆在我们面前的情况是，我在第一讲里谴责过的现代经验主义正对人类经验进行系统的改造，现在也是阐明那个我先前允诺将阐明的道理的时候了：坚信我们有能力通过理解行动建立知识，还原事物的真实本质。下面，我将在个人知识的框架里，从人与低层级实在的真实关系入手，描述人类条件。但在此之前，我还得稍微深入一些地来阐释那个我们据以理解他者思想的立足点。

作为人类的摄悟特征，思想是一个焦点，我们通过支援性地意识到人类面貌、话语和整个人类行为的活动来意知这个焦点。人的思想是其思维活动的意义所在，而非如赖尔所说，这些思维活动的本身**即为**思想。说思维活动本身即为思想就犯了和说某个符号的意义就是符号本身一样的范畴错误(根据赖尔自己的说法来讲)。摄悟整体是一个与那些组成这个整体的，并且本身被意知为焦点的细部不同的概念。行为主义者认为我们须把这些细部作为对象加以研究，这是完全行不通的。首先，如果我们只关注这些细部本身，它们其实是**毫无意义**的；其次，它们作为一张完整轮廓的组成部分而存在，无法被一一确指，严重点说，它们**大致上是未被知晓的**，根本不可能作为对象被观察；第三，正因为我们无法跟踪人的思想显象，所以**除非将这些细部作为指向它们发源的心灵的路标**（**pointers to the mind**）**来识读**，否则连最粗略的寻踪也做不到。我们首先获得的始终是关于思想本身的知识，任何与思想作用过程有关的知识都是派生的、模糊的和不确定的。

我已经说过，关于某个综合整体的知识即为一项理解，一种在对象整体中的内居和一种欣赏，也暗示过个人知识的这些层面其实是紧密互织在一起的。现在可以来应用这个道理了：我们向他人表达尊重，以此承认他的心智健全；借由这种**赞赏**的行动，我们进入了与他人的同盟境界（fellowship），承认我们与他人共享一方义务的天空。就这样，我们终于**理解**并承认他人为有能力做出负责任的选择的人。

诚然，推导这个结论的整个前期分析和这个结论本身都只能被像我一样信仰实在之思想成就的人所承认。论证到这里，还是存在许多问题。但这与我的目标是一致的，我的方向只是要证明：在个人知识的架构内，抱持对实在的思想成就的信仰，我们就将获得一片确认和强化这种信仰的广阔视野。从这个意义上出发，我现在要继续把我的分析推演到负责任的人类选择与作为人类存在基础的低层级实在之间关系的主题上。

诸位请回顾那个我曾论述过的联系——存在于机械与构成机械的材料的特质之间的联系。我已详细阐述了这种联系，因为我希望它能昭明此刻我们所面临的问题——让我试着让诸位看看它事实上已做到了。机械的运行原理本应保障它绝对成功地运转，但事实上这些原理又只有在被应用于确定的物质材料中时方能实现，而这些物质材料会带来自始至终存在的故障可能。人类的责任感亦受制于类似的固有局限，这责任心只有在可能失灵的人类身上才能运作。责任与危险如影随形，没有危险就谈不上责任，而危险却意味着失败的可能。此外，导致人类失职的欲望、痛苦和自傲是与生俱来的，可是这些自我中心的冲动同时又是负责任地承担义务所不可或缺的。因此我们唯有以小利押注做赌，才能有效地见证崇高目的。最后，我们所取得的一切精神成就终究都依赖于肉身机体，这一点局限了我们的视野，也使我们面临身体机能失灵的危险。身体机能的故障甚至可能直接影响人类负责任抉择的能力，令我们病态羸弱、冷漠忧郁。**无论何处，高层级的潜在运作必定寄于低层级之中才能实现，而低层级又将使这些运行面临失败的风险。**

我们还可以将上述原理推及负责任抉择的社会关系上。人类的思想只能在社会构筑的言传框架内存在；社会总在孕育思想，但社会又在很大程度上受制于它所孕育的思想。因此，人们做出每个主要的思想抉择时所负的责任总有一半是社会责任，于是这些决定总能与现存的权力和利益结构互相影响。我将在下一讲里讨论这种相互关系，不过这会儿也可以略微探讨一下它与我们当前话题之间的联系。在一个理想的自由社会里，人们可能完全达致真理——科学真理、艺术真理、宗教真理以及正义的真理，在公众生活与私隐生活中皆如是。但，这是痴人说梦，现实中我们每个人能直接获知的真理为数极少，其余的部分只能通过信任他者来达到。的确，保障这种相互依靠的过程是社会的主要功能之一。依此思路，人类心灵所拥有的自由应归功于社会机制的贡献，但社会机制同时也在限制这种自由，甚至在它所给出的限度内威胁这种自由。这层关系就好似灵魂与身体之间的关系：灵魂活动的表现受到身体的限制和扭曲，而又恰恰是身体提供了这些活动的表现媒介。

人类由物质构成，是被欲望驱动并服从于社会需求的，这样的人类可能坚持纯净的精神追求吗？面对这样的质疑，我们该如何回答？答案是肯定的。恰恰由于受限于其自身责任之外的限制和僵硬的环境，人们更可能在自身责任的引导下坚持纯净的精神追求。这些环境为我们提供了纯粹思想的机会——充满陷阱的有限的机会——但不管怎么说，毕竟是机会，是我们的机会，运用这些机会或浪费它们，责任在我们自己。

* * *

放在宇宙的时空透视全景里来看，从事思想工作的机会分外吸引我们。据我们所知，人是寰宇之内唯一具有思想的生物，人类的思考能力亦不是地球上原始人类出现之初即有的特征。5 000 万年的进化史中，生命曾沿着无数崎岖小径蹒跚摸索，最终只在我们——人类身上实现了思想的奇迹。而我们所书写的也仅仅是一段简略的传奇——在5 000万年的进化之后，人类有文字的思想史只走过了 5 000 年，这都是近 100 个世纪以来才发生的事情。

因此，这项任务似乎是有文字的人类在宇宙中所应承担的特殊使命。而我，便是希望诸位以此种透视法来考虑我刚刚说过以及即将要说的一切。

假若这个透视法为真，即意味着我们被造物赋予了神圣的信任，我们即使只是盘算一些可能导致人类灭亡的行动也是对此信任的亵渎。任何情况下都无法为此类行为开脱。我坚信，每一位承认人类在宇宙中担负特殊使命并对此心怀感激的人，都不会否认这个最终的绝对断言。

第三讲　理解历史

当我们相信人类经由理解而认知，我们便获得了实在层系(stratification)的洞悉，同时发现人类的思想展示了我们经验中最高层级的实在。一件事物总是由不同层级的实在组构而成的，而其真实的本质只能由其最高层级、最具摄悟性的特征来呈现。低层级的细部对这个特征的摄悟只能起支援性的作用，在鉴赏这些支援性的角色之前，我们必须首先认识这个特征。也就是说，人之研究必须自鉴赏人类做出负责任决定的行为起步。

人类抉择活动的最显著案例均有史可查。黑格尔(Hegel)将做出这些抉择的人称为“世界历史名人”,比如亚历山大(Alexander)、奥古斯都(Augustus)、查理曼(Charlemagne)、路德、克伦威尔、拿破仑、俾斯麦、希特勒和列宁。较之以上这些人,科学和哲学的先驱、伟大的诗人、画家和作曲家、道德上的英雄和宗教殉道者们也许心怀更高贵的目标,并将在更长的历史时段里产生更大的影响。但是,只有那些显著影响现有权力架构的政治行动,才能构成最惊人的人类抉择。它们写就历史之剧,并常成为史家记载的历史故事中主要的题材。

19 世纪末以来,一股持续不断的哲学运动主张我们必须用一些完全不同于自然科学的方法来研究人文学科,尤其是历史学科。这股运动迅速成为主流,在德国,运动的始祖可以追溯到黑格尔和赫尔德(Herder),继续往上溯源,还可以追及意大利的维科(Vico)。英国的柯林伍德(Collingwood)全力呼吁历史应分离出自然科学领域,他的作品为这个学说争取到了有限的影响。

我在前两讲的论述中得出的观点反对任何将自然之研究和人之研究相分离的做法。我的观点认为,任何认知均有赖于理解,在这个意义上来说,一切存在层级上的知识都是同类。但与此同时,该观点也承认当我们的理解主题上升到存在的更高层级时,越加需要新的理解力推动,也越能揭示新的摄悟特征。因此,我很乐意赞成关于史学家需要实践一种特殊摄悟的说法,但我也将同时阐证史学方法中一切特有质素都可在科学方法中寻到踪影,在渐进的调试之后,它们将在各个连续的阶段中突现出来。正如科学家从对无生命对象的研究起步,继而迈向对生命的研究,科学在此过程中逐步发展,到达第一个较低的层级,接着是生命的较高形式,然后直抵对高等动物知性的研究,一些越来越高级的模式进入了摄悟的领域,而对人类的研究亦仅仅只是这些模式之上叠加的一个更高层级的摄悟而已。由此可见,史学(historiography)特有的形征是在自然科学内部已然充满广泛预示的连续发展中突现的。

为了向诸位展示摄悟渐进地趋向紧张和复杂的过程，我得从纵览科学内部各个上升的摄悟阶段出发，直达人之研究的入口。我们先来看物理学领域的理论，这些理论关注自然界最微小的细部，在时间与空间的维度内确立它们存在的模式，而正是对这其中和谐秩序的激情揣测导引着物理学上的发现。物理学的理论之美标志着它的科学价值。内居于（dwell in）某个理论，观察它被事实验证的过程，就能欣赏到这种美。物理学家们就是冷静地撇开了一些无序且无意义的微粒排列模式，心怀愉悦地内居于自然界无生命物体的生存模式之中。

理解的结构性元素在下一个层级中将更趋坚固与丰富，我在上一讲中已描述过这个以植物形式存在的生物层级，现在是将之与机械和工具等一道纳入我们的视野的时候了。更惊人的是，我们将在这个层级中看见一些杰出与失败的新形式的突现，理解过程中的个人参与也将趋向紧张。我们认识到：理解一台机器意味着进入它的目的并承认其运作的合理性，理解一具有机体则得承认个体的存在，欣赏其准确的成长、形式和功能，而我们据以准确地将某一个体纳入其种群的标准，即是判断这些特征健康与否、正常与否的标准。

当我们将话题转向深思熟虑的动物活动时，将随即发现意义和理解的激烈化已经形成一股连续的趋势——此处个体不再受环境制约调整自己的反应，转而奋力试图控制环境。为满足自身的欲求（appetites），动物谋求理解自己面临的处境，在此途中，动物们逐步形成正确或者错误的预期。在某个健康的个体身上，正误预期都会发生，因此这些预期是附着在植物性生物或健康或疾病之上的。现在我将从逻辑结构的角度勾勒此项特性，使其更精确地外显。

让我先来向诸位说明：我们对植物和对无生命物体的观察只在两个逻辑层级上进行，而对有意识、有生命的动物的观察一般要涉及三个逻辑层级。我们可用如下的思路来例证关于逻辑层级的设定：我说“石头正滚动着”，这项陈述包含两个逻辑层级，即我和我的陈述所涉及的石头的层级和石头本身的层级。我们通常会自认为我们自己的层级在高,居高临下地谈论处于低层级的石头。但如果我说"'石头正滚动着'这句话是真实的",我就必须再加上第三个层级方能包含这项陈述里涉及的三个事物:其一是我自己和我的言语所在的最上层,其二是我以为为真的那句话所居的中间层,最后才是代表石头的底层。

仅在生物性意义上做出的关于生物的描述就如同我们对石头的描述一样只涉及两个逻辑层级,而一旦动物开始活动,开始认知,它就上升到了居于它试图去控制的层级之上的更高层。举个例子,我说"猫是活的",如同我说"石头正滚动着"一样,只涉及两个逻辑层级;而当我说"这只猫发现了一只老鼠",这就包含三个层级了。最上层是关于我的层级,中间一层是关于猫的层级,而最底层则是老鼠所居之层。这样的逻辑结构允许我们判断动物的感知是否真实,而对它的呼吸或者消化功能我们却不能做出同样的判断。我们的理解也随之得到了基本意义上的丰富,因为当我们认为一只动物有能力犯错的时候,我们同时也就赋予了它进行某种程度的意知判断的能力。三层级的逻辑架构比原来更加复杂,我们与对象的同属感(fellow feeling)也随之扩张,这使我们能体悟到动物的知觉。

我们承认一只动物具有做判断和犯错误的能力时,也就承认了该动物中有一个诠释性架构。在这架构之内,人们能以动物的眼光来判断对错,这种承认同时还引致了两种类型的错误之界划。比如,一只鲑鱼错误地咬了饵,此时它无疑犯了错,可它犯的这个错误换到别的经验环境里,却是一项正确的诠释。另一方面,如果小鹅误把某个人当作母亲,那么它必定会一直以此错误的思路误认其他人为母亲。这时候,他们其实是在一个错误的诠释架构之内正确地进行经验判断。这两种错误类型与病理性的判断力缺失——我们可以从一只大脑被剥离的小鼠身上观察到这种判断力缺失——是不一样的。再算上正确的判断类型,我们就得到了一个四重的谨慎选择的分类,这个分类预示了史学家对人类决定的区分模式。

不过,在跨越动物智能与人类思想的鸿沟之前,我们可以先把二者之间的差异再缩小一些。我们可以承认某些动物身上也许存在最低层级的知性激情(intellectual passion)。已有证据(这证据在上文中已经提到过)表明,高等动物也可能在一定程度上为某个难题担忧,而且这种担忧并非因为无法获得预期的奖赏。人们观察到这些高等动物被难题困扰时的情形,当它们忧虑无比,到达顶点时甚至可能导致精神崩溃。不过,人们也同时发现,仅为了追求知性之美,这些动物便能在解决精巧难题的过程中得到游戏般的愉悦而乐此不疲。在上文的例子中,我们看到个体奋斗——出于个体志趣的奋斗——以追求知性卓越的过程,这个过程同时也是个体对其以自我为中心的个性的初步超越。

现在,我要从自然科学过渡到人文科学,这样做能使我们勇敢地面对史家写史与自然研究的区别——我想从哲学家所主张的这两种知识在研究方法与研究领域上的差异入手进行分析。诸位应当谨记:在一切史学研究之中,叙事史(dramatic history)是与负责任的人类选择行为最为贴近的一种史学研究思路,我们不妨选拿破仑的生平为例阐证历史研究之主题,将之与万有引力进行对比——万有引力的数学理论可谓最接近"完全抽象的科学知识"之理想了。

拿破仑的生平由一连串的**行动**组成,而万有引力仅包含**事件**。人类活动中涉入了责任的概念,这也就引发了动机的问题。例如,对拿破仑统治之下的法兰西所发动的那几场战争,拿破仑到底该承担多大的责任。彼得(Pieter Geyl)教授曾经将 27 位研究拿破仑的法国史学家关于这个问题的观点一一进行比照,并写就了题为《拿破仑传》(*Napoleon For and Against*)的综述,可见史学家们对动机的分析导致了对拿破仑本人的**毁誉**参半。而在物理学家的研究中,就找不到这样的研究思路。因为物理学家们的研究对象中不包含行动,更没有任何关于道德责任感的问题掺杂其中。为了鉴定当初拿破仑的动机,诸位可以设身处地思考此事,权当你正处在他的地位上,复现他的真实想法。不过,很自然地,这种内居于对象的研究方法所得出的结论究竟如何,在一定程度上需要取决于实施内居行为的研究者本身——这个事实很能够深化我们正在进行的两种知识的比较。彼得教授发现，一个史学家对拿破仑评价如何与这个史学家本人的政治观点密切相关。他还注意到，那些对拿破仑或褒或贬的评价，是根据研究进行的年代以及研究者本人的职业出身而有规律地变化着的。那些反教权主义者(anti-clericalism)和体会到民族自豪感的人们赞美拿破仑，而那些反军国主义者(anti-militarism)和宗教信徒则不齿他。这时候，我们还可以回忆一下——最近，我们对俄国革命的反应已经对史学家们产生影响，促动他们重新诠释法兰西革命和千禧年运动(Millenarian movements)。因此，编史的过程本身就是一个历史过程，史学研究的这个特点显然与物理、化学或者生物学的研究截然不同。

接着，我将以此讨论刚才列举的观点。研究动物行为的动物心理学隶属于自然科学的研究领域——一想到这个，历史纪录之行动与自然科学研究之事件间的藩篱就荡然无存了。的确，唯有人类行动才会服从于道德判断。可是，与我们的常识恰好相反的是，自然科学的每个分支实际上也都在进行某些价值判断。每个学科都在鉴赏组成其研究主题的特定摄悟对象的整体之美，相应地也就存在一系列渐升的美之标准，这个标准系列蜿蜒而上，直到抵达某个人类行为的道德评判。物理学家设定无生命物质模式之美的标准；博物学家(naturalist)设定各种动植物形态之美的标准；生理学家则为每个物种设定一套判断其器官功能是否健康、欲望及感知系统是否正常的标准；最后，动物心理学家们为动物个体设计出不同种类的问题，根据动物对这些问题的反应，再加上它们的思想力量，我们就可以评估动物的独创性。在每个连续而上的阶段中，这些评价越来越具穿透力，也将越来越复杂。

这些评价还将一步步贴切，这就把它们与自然科学同史学的另一种关系连接起来了。诸位一定还记得，认知任何一项自然科学知识都少不了认知者在某种程度上内居于研究对象之中的行动，这种亲密的内居行动呈现一个连续的进展过程——这过程恰恰指向被誉为史学独特的研究方法的“完全内居”(fullest indwelling)。物理学家可以深入地内居于某个数学理论之中，不过，对他来说最重要的还是享受数学理论的普遍性质——壮丽、简练及精确；化学家对其主题之亲近则略有不同，他能在化合物奇特的性质和化学变化微妙的分级条件里寻到乐趣，鉴定某个已知物种的标本比起鉴定一个已知化学物质的样本来要难得多，因为前者需要更高程度的鉴定力；当我们继续往上走，谈到对动物行为的研究时，我们就遭遇了一个感觉、欲望和目的行为的世界，只有更深地将自己和动物融为一体，我们才能真正理解这个世界；然后再往上走，我们就与动物的知性接上了头，这时候的内居行为将是如此的深入，及至我们与动物亲密到能够为它们设定一批问题——这问题将如我们所欲，唤醒它们最剧烈的思想努力，接着将它们引向思想崩溃；现在，我们已经可以毫不费力地再继续往上迈一步——这一步令我们抵达拿破仑的例子——通过亲密而深入地内居于拿破仑，我们可以重新站在他的立场上思考他的问题，从而理解他的历史身份。

可见，我们并无法用先前设定的三项根据——① 与自然科学不同，史学研究的不仅仅是事件，而是行动；② 史学家以自以为恰切的标准来评估这些行为；③ 他通过复现行动来研究他的课题——中的任一项来区分史学研究和自然科学研究。

可是，我们能否把因不同史学家内居于拿破仑之深浅不同而引起的亲密性程度的差异与那些更没有相似性的生物学家或动物心理学家们的诠释框架之间的差异相类比呢？

苏联的自然科学研究被强加了某些以政治为根基的正统信仰(orthodoxies)，这个例子似乎已经证明来自政治的影响只能腐化科学。不过，要正确分析这个问题，我们就得把它放到一个更大的背景中去审视。诸位还记得我们确立人类责任概念的方式吗？只有在那些必然对其加诸限制、令其可能僵化的支援性细部里，正确性的连续层级才能顺利运作，我们证明了这一点，也才确立了人类责任的概念。我们还证明了一个宇宙成层的概念——无法从其细部出发确切定义的概念——是致力于真理追求的人之概念的必要基础；接受这个概念被认为是建立自由社会的基础。显然，如果当前这个逻辑顺序为真，那么我的自由社会之爱，那股令我确认自由社会之实在的爱，也就证实了宇宙的分层结构正是自由社会存在的逻辑先决条件。何误之有呢？之前的探讨已经阐明：每项理解活动或多或少都将调整人之生命。那么也就是说，转换一个更为真实的**为人之道**还能令我们的**人之理解**更为深刻。从这个意义上说，我赞成马克思"人的社会存在决定人的意知存在"之说；不过，我完全不同意他这条规则里暗含的经济决定论。

文德尔班(Windelband)院长曾在1894年的院长训示——就是这篇训示，首次有效地宣称历史学应与自然科学分离——里主张历史具有某个独特的质素，现在我们有必要来重温这篇训示。他认为历史事件是"**唯一**"的，而自然科学所研究的事实具有"**可复现性**"，二者形成对比。事实上，文德尔班指认的这个显著区别只代表了不同思路的区别——理论思路与事实思路，这种思路的区别在任何一个知识门类中都存在。历史学的独特之处在于事实志趣的取向压倒了理论志趣的取向而在这门学科中占据了主导地位，自然科学里的情况正好相反。因此，从数学物理学到历史学，我们看到了一个连续的、分级的科学门类，在这些科学门类里，"唯一性"和"普遍性"两种特征的呈现比例依序变化。可是，为何这两种逻辑上迥异的成分在各门学科里呈现的比例以此种方式变化，却无人研究呢？

李凯尔特(Ricket)系统地扩大了文德尔班的观察。至于我，则希望在此以自己的方式对不同学科里"唯一性"和"可复现性"的关联重新表述如下：我认为，一股理解的激情自始至终都在推动人类的科学追求；在更广泛的意义上还可以说，理解的热望激发了人的整个精神生活。一旦把握到某个有望揭示重大的、当时仍深不可测的、具有含义的灵感时，那股子热望就最大限度地被满足了。如此根深蒂固的热望和激情似乎应是相当真实的，并且能激发出强烈的兴趣。在人类思想的不同领域，甚至是在自然科学的不同分支里，这种激情和热望的应用呈现出不同的方式。物理学虽然只研究浅薄的无生命物质，但仍凭其浩瀚却又精确的概括而达到深远；生物学的视野失之零散而不够精确，但生物体内在的深奥却也足以补偿这种概括性和精确性上的不足，使其得到同等的满足。沿着这个思路再跨一步，我们就从生物学领域被带入叙事体史学领域里来了。拿破仑的人格已是如此深妙，需要伟大的史学作品方能诠释，而且无须进行概推，因这作品本身已具备足够的旨趣。不过，有了伟人，才有叙事史的存在。但是，人们也会将历史简化地记载为知性上毫无价值的编年史或者是宏观的政治、经济和社会的变化。这些更为理论化的写史思路的细部虽提不起人们的兴趣，可是提供了一个更广阔的视野，任思想自由驰骋。

总而言之，即便是一块小鹅卵石，也是独一无二的，但完全“唯一”的事物又是非常稀罕的。如果果真独一无二，那么这东西无论发掘于何处（无论是出现在自然界里还是出现在人类社会的成员之中），都必将被投之以对其本身的兴趣。它们提供亲密内居于它们之中的机会，让我们系统地对它们进行研究。就因为伟人比起自然之物来具有更深的“唯一性”，所以在他们身上比在自然之物上更能完成关于“唯一性”的精细研究。因此，虽然在亲密性与精密的复杂性递增的科学序列里，叙事史学位居最末，但它对研究对象格外有力、格外精妙的个人参与却抵消了这一不足，使之在科学门类中处于非常突出的地位。

一种主张史学研究类似于自然科学，并且承认史学所描述的是实在之特殊层面的知识理论将既不赞成也不否定将史学分离出自然科学的做法。这个知识理论对此不做理会，却转而留了一项任务给我们：它要求我们在致力于史载的人类行动之研究时，尽可能贴切地界定人类思想所处的地位。现在，让我们重拾先前的思路，迈出这场关于“人之研究”的探讨的最后几步。

我曾经说过，众生当中，唯有人类能赢得尊重。这个结论是相对于纯粹思想之事而言的，所以它与相对于无生命世界之和谐或相对于低等生命之优秀的欣赏是不同的。这些纯粹属于思想的事物，比如高尚行为、艺术作品或科学发现，都不能满足物质的需求，反而需要物质为之牺牲，它们仅因其自身就被视为优秀。正因为有能力做出此等牺牲，人类才需要赢得尊重，赢得那些分享由其牺牲所见证之事物的人的尊重。可见，这也是自由与人相互尊重的基础，而**写史**之人就是在这样一个大框架下来面对他所书写的**创造历史**的人。

可是，任何在此基础上赢取尊重的主张，也都可能在此基础上受到责备，这种可能性取决于由人类思想活动赖以进行的媒介强制地加诸人类精神激情之上的种种限制。我说的媒介是指人的身体存在与社会依赖性，这二者定义了人之使命，它们均非人类责任所能及。这种物质的和社会的本质以三种类型的不足影响着人类的整个精神生活，我已经在区分动物自我中心的知性时为此埋下了伏笔：① 在一个合意的框架内犯错；② 理性应用某个不合意的框架；③ 违背人类责任的病态行为。接下来我要证明在评估历史行动时，这三种批判类型将相应引出三种类型的谬论。

对于某个历史名人，史学家最关注的是其在道德和政治上的伟业或者劣迹，不过史学家们却也必须就这些主题做出自己的道德判断和政治判断——并且他们不得不承认自己的研究对象在进行道德和政治判断时曾面临一些限制，而他们此刻也必须在相同类型的局限之内做出属于他们自己的判断。这种强加于史学家身上的限制恰是由他自己的社会本质所致，根深蒂固，无从挣脱，因为如果我们妄图挣脱它们，那么挣脱的行为本身也将在这限制的范围才能进行。因此，接受现存的社会媒介并依赖它来塑造个人思想和希望，乃是我们的究竟意会义务。我便是以承认这项义务为前提框架而断言自己负有义务的，而且，这也确认了我先前定义为人之使命的那个观点。

如此看来，上文提到的三种类型的历史谬论与三种批判历史行动的思路密切相关：① 无视行动之人所处的历史背景，而只以我们自己的标准书写历史。18 世纪的史学家们，例如伏尔泰（Voltaire）和吉本（Gibbon），就曾用这种狭隘的眼光来评判历史，我们可以把这种错误称为理性主义者的谬论。② 历史相对论（historicism）提倡以过往年代曾经流行的标准来判断那些时代曾经发生过的事情，这种写史方法的兴起改变了我们的历史观念。这种方法用到极致之时，必定导致那种对过往年代之标准的绝对妥协，这将使我们的批判毫无意义。历史相对论的方法孕育了一种极端的、完全虚谬的相对主义。③ 唯物主义者持有的历史观进一步削减了人的道德境界，他们认为人类历史上出现过的所有行动都由权利与利益所推动。根据这个思路，一切人类行动都无道德意义，人们完全无须承担对理想的义务。这是决定论者的谬误。

承认人类与生俱来的知性架构必将在人之责任中施加一些限制，而理性主义者在研究中应用了第一种批判，其错误就在于忽视了这些限制；相对论者之误则恰好相反，他们使用了第二种批判思路，完全抛弃了人类所应承担的接受那个培育人类的架构的责任；决定论者使用第三种批判方法，他们先验地假设研究对象神智不健全，并将这种假设应用到对神智健全的研究对象的研究当中去。

稳健的人之研究应当避免以上三种谬误。这种研究承认人承担着义务，即借助人微不足道的身体机能和特定环境中的资源奋力追寻结论的义务，可这结论到底为何，又不完全取决于身体机能和环境资源所提供的机遇。史学家们从这个观点中可以看到，凡历史名人，为成就其努力，必得接受一个既存的文化媒介，并且得去把握一些掺有不名誉诱惑的偶然机遇。不过，到底要在多大程度上接受现有的文化媒介？哪些机会得把握？哪些机会又需要抛弃？什么样的诱惑我们拒？什么样的诱惑我们迎？对这些问题，每个历史名人都得做出自己的决断。史学家们从来不承认这些环境因素能够决定一个健全人深思熟虑的活动，他们不承认这种决定性是无法抗拒的，他们将力图规避上文提过的三种可能发生的谬误，规避的过程如下：① 对理性主义者的谬误——史学家承认对于一切自由行动来说，生物本质和文化本质都是绝对必要、不可或缺的；② 对相对主义者的谬误——史学家承认每个人在某种程度上都能直达真理与正确性的标准，他们必定只能部分地妥协于现有环境，从而方能坚持他们的真理追求;③ 对于决定论者的谬误——史学家将自己托付于一个个人知识的体系,这种个人知识承认人之思想将做出负责任的选择。

至此,我已将人类负责任之判断的社会本原、动物深思熟虑的欲望抉择的反射机械作用本原与低等生物体技能本原之间的相似说全了。现在,可以继续延伸这场讨论,来谈谈历史哲学家主张将编史从自然科学中分离出去的另一项依据了。

一旦承担起对真理标准和正确性标准的义务,人便成为理性之人,从此他就能从事数学、司法裁判,还能写诗,总之能做一切纯粹思想之事。因此,只要历史中包含了这类行动,史学家便能理解过往之人做了何事,这就好比我们理解一项数学论据或者理解法庭上的一项司法裁判。一项理性结论或行动能凭其本身所具有的理性而得到开脱,这类理性结论的效力与它出现的历史年代无关,实际上,理性结论在任何时代、任何地方都将是有效的。因此,如果理解了这样的一项结论,那史学家也就掌握了一个处于自然科学领域之外的、永恒的非物质主题。

为了补充这个观点,我们不妨将理性的人类行为与某种病态行为(比如由脑部受损引起的病态行为)做个比较。这种病态行为毫无理性可言,以至于我们完全无法用理智来理解它;可是,如果从病因入手,理解就可以完成,这种病因正是自然科学的研究主题。也许,历史会记载下一些人的病态行为,比如提庇留(Tiberius)和希特勒的行为,但理解这些行为却不是史学家的正事,他们的要务是去理解历史名人的负责任的抉择。

我赞成做此区分,这种区分无疑是清楚而重要的。不过,我要补充说,我们其实已经在更广泛的范围内遭遇了这种区分。我们发现,在自然科学的不同分支间,也呈现出这样的区别来。摄悟原则在较高层级中的运作效果与在低层级细部上的运作效果就呈现了此类差别,尽管这类运作必须依赖这些低层级的细部方能完成。我想将理性的理解与原因的解释做一对比,以重塑这种差别,同时,将这差别推广到本场研讨所涉及的所有领域。

拿一项正确的司法判决来说吧，它既是一项人类理性行为，也是作为有血有肉之人的法官所实施的一项行动。当法官实施司法行动之时，其思想和身体机能都在对司法的过程施加支援性的作用。这个过程有赖于法官的思想力量，比如记忆力和想象力，也有赖于他的身体机能，比如适当进食、正常消化。二者均由一些物理和化学的过程支援性地构成，并受一些规律的支配。不过，这些细部的作用有个限度，控制在界限之内，它们将共同作用，促进摄悟原则的运作；超出限度，它们就将导致摄悟原则运作失灵。记忆力和想象力可能误导法官；一些健康的肉体欲望也可能不利他做出适法判断；而物理的或化学的自然过程又可能破坏他的健康。结果，所有这些——心理学、生理学、物理学和化学，都无法解释一项正确的司法判决，而只能说清楚（至少是在原理上说清楚）错误判罚是如何发生的。这种错误判罚的原因可能是心理上或者生理上的，也可能是生物化学或生物物理上的。

但是，现在让我们先来看看欲望系统。尽管法官的欲望可能削弱其结论的理性，可是单从欲望系统本身来看，这些欲望和生理的功能却自成一套理性系统。进食、寻求荫庇以及积累财富的过程都可以用充分理性的思路来解释，并且这个低层级的理性还可能受到来自另一个更低层级的诱因的威胁。那些在正常情况下能促成自我中心欲望系统的理性功能的细部也可能诱发疾病或事物，干扰这项功能。

即使是在较低等的植物层级上发生的生命过程中，理性也贯穿始终，大行其道。我们说心脏瓣膜（cardial valve）之所以存在，是为了保持血液循环畅通；可是当循环系统出了问题，我们又说那是因为脑活塞的问题。

这项分析一方面巩固了编史的自主性，也巩固了那些主要以理性来阐证其研究主题的学科的自主性；另一方面表明：① 自然科学也包括了知识的这些分支，② 关于理性的研究往往植根于在较低层级实在中运作的原因的补充知识之中。为了更充分地阐述这种存在于编史学和生物学之间的内在连续性与差异，我想在此展示一位史学家与历史名人之间典型的知遇（encounter）情景以及一位生物学家与他所研究的活物相遇的情景，揭示其中的内在关联。

对无生命体的观察是在两个逻辑层级上进行的，较高的层级是针对观察者的，低一些的那个层级则是相对于被观察之物的；而在对植物性层级之上的生物进行观察的时候，道理也是如此，这一点请诸位牢记。还需要大家留心的是那第三层级是如何出现的，当我们观察一只动物，而它本身亦扮演观察者的角色时，第三层级方才形成——生物学家占据最高的层级，动物居中，动物观察的物体则位列最低。我们必须考虑到，这个鲜明的逻辑分层处处受到个人知识的牵制。这种牵制的存在是因为观察者支援性地意知到的细部——所有的线索、符号、工具，包括其他任何此类细部都已被观察者所吸收，它们进而也就隶属于观察者所居的这个逻辑层级之中，可是这些细部又是观察对象之细部，应隶属于观察者之下的那个逻辑层级。可见，当其被置于上层之时，这些细部支援性地存在，在下层中它们则以焦点地位存在，这就与双层逻辑的划分相抵触了。

现在，还有一个因素需要考虑进去：随着人类认知之物存在层级的升高，认知者个人参与其中的程度也相应升高，并且，认知者在研究中也将为它们设定更高的标准。这两股潮流结合起来，将在认知者与被认知物之间导致一个越来越丰富、越来越平等的共通存在。所以当我们达到人认知他人这一顶点时，认知者已经极度深入地内居于被认知者，以至于我们无法将这二者分别放到不同的逻辑层级上去。也就是说，当我们注视某个人，把他作为负责任之人类的一员来看待，将那些同样被我们接受为判断我们自己的标准的问题应用在他身上的时候，这场注视已经失却了作为观察的特征，而成为一场认知者与被认知者的知遇了。

不过，这还不是讨论的终点。让我从史学入手，展开最后一个阶段的论述。叙事史关注的往往是历史上有争议的杰出伟人。无论对研究对象的态度是敌对还是友善，史学家们皆不可将从自身生活经验中派生出来的标准适用到这些历史名人的身上。举个例子，假设某个史学家非常敬慕一位伟大的历史角色——比如拿破仑，我们在此假设存在一位以研究拿破仑为业、从信徒的地位出发来研究他的仰慕者。事实上，此时这仰慕者等于已经皈依了一派秘教，这派秘教的激情洪流曾在超过一个世纪的时光中席卷全欧洲。从他的时代开始，拿破仑的角色就已被大陆文学和哲学塑造为“残忍的伟大”(ruthless greatness)之理想。司汤达笔下的于连(Julien Sorel)、巴尔扎克笔下的拉斯蒂涅(Rastignac)、普希金的赫曼(Herrman,《黑桃皇后》中的角色)、陀思妥耶夫斯基笔下的拉斯尼科夫(Raskolnikoff)——这些文学作品中的人物都是深受拿破仑影响的法兰西青年和俄国青年。尼采盛行一时的影响使拿破仑在德国的威望达到顶点，尼采在《道德的谱系》(*Genealogy of Morals*)里说，在拿破仑身上，兽性与超人的理想都得到了体现。从尼采延续到我们的时代，这秘教始终盛行不衰，直传到墨索里尼和希特勒。

将某个人当成理想而关注即意味着臣服于他的权威。我们所提到的这个拿破仑之崇拜者在评价拿破仑时并未使用那些独立的、预先确立的标准，相反，他把拿破仑本身看作理想的标准，就拿这个标准来衡量拿破仑。这样一个仰慕者在选择心目中的英雄时可能犯错，但他与伟大的联系却错不了。正如我们需要拥有一台望远镜，才能观察到盘旋的星云，先有敬畏，而后方能知觉到伟大。

不过，我还需要继续扩展我的探讨，才能完全到达这场讨论的目标。演讲之初，我就曾夸口承诺，一旦我们承认理解是为确立知识的手段，就能贯通自然科学到人文科学。为实现这一承诺，我展示了一个呈中国套盒般排列的摄悟层级(comprehensive level)，并将其他的层级都纳入人的纯粹精神生活系列中去。我还说，这最后一个层系是由人的知性激情所唤醒的，这激情来源于他所继承的文化土壤，它是人类特有的生存形式：一种致力于追求真理及类真理的优秀之物的思想生活。

正是因为人能达到真理和其他一切人类理想，人才能赢得自由和尊重，在此基础之上，他确实赢得了自由，赢得了那些与他一样，能通达真理和人类理想之人的尊重！说到底，我想从中推导出来的结论是：建立自由社会是人类的宇宙使命，而这，乃是建立自由社会的基础！

现在我们发现，在探究史学与自然科学的内在联系之后，自己已经被引回这些本质的主题上来了。根据观察，虔诚的臣服是一个研究关于顺序上升的实在的研究系列的最终一层。从物理学开始，我们经过持续上升的生物科学，抵达对实施负责任抉择的人类之研究；然后，从认知中两个平等主体的知遇到英雄之研究，我们发现自己向研究对象致以敬意，以他为榜样自我教育。说到这里，我们显然已经不能再想当然地居于高于观察对象的逻辑层级之中。如果这会儿我们还能分出两个逻辑层级的话，那我们也只能仰视我们的对象，而非俯瞰它。

不过，我特意选择拿破仑做例子，意在提醒诸位这种自我教育的过程有时竟也可能成为一种堕落。这个例子昭示我们是如何地臣服于那些正被我们虔诚地研究的事迹与作品的主角们，以此来成就我们的整个思想世界；而在接受他们为主角时，我们又是如何地充满盲目的自信，如何地一意孤行。任何权威都无法教我们如何在他与他的对手之间选择我们的立场，选择终究只能由我们自己来完成。此时，我们承担起了一项究竟义务，这义务本质上相当于一种决断行为——判定我们到底在多大程度上接受现有的社会背景和思想环境，在其中展开我们自己的思想和感情。我们选择自己的英雄，从而接受人类的特殊使命。

在这个环节上，人之研究最终转变成一项自我教育过程。此时我们不再只是观察某个物体，也不只是知遇某个人物，这时候我们已经成为一个学生，努力理解并致力仿效历史上的伟大思想，致力于承担起伟人们设下的普遍义务。之后，人类就进入了一个表达与标准交织的框架，由它指引，人的思想得到扩张与历练。

关于这种内居行为，我曾在第一讲的结尾部分以基础数学的研究和音乐给人的智力愉悦为例进行阐述，我说整个人类感觉世界——智力、道德、艺术、宗教理想——都是被人类生存和成长于其中的文化遗产之架构所激活的。我写道：这个过程始终被一股充满热情的理解渴望所推动，这股渴望展开了存在的种种形式，凭此愈加满足变化了的自我。我们从物理学与史学的内在联系人手，进行了一系列的研究，之后又将之继续推展，再次抵达峰巅——在这峰巅，我们发现自己的知识财富就含在理解和妥协的行动之中。

*　　*　　*

至此，这项探讨已经与我在为林赛院长创立的这所大学所做的演讲中表明的立场天衣无缝地联系起来了。过去的 20 年中，关于大学的社会责任的各种说法屡见不鲜，况且，大学为社会培养医生、技术人员和其他专家也是理所当然的。不过，较之于大学对社会提出的要求而言，它的这些义务不免显得太过微不足道。因为，大学在塑造现代人的思想世界中承担着精英的角色。今天，大学教师已经成为人类文化遗产——界定了人类义务，并为人类设定全社会都应尊重的标准的文化遗产——的传播者和诠释者。未来的领袖就在今日的年轻人之中，大学最主要的义务就在于把为自由社会献身的基本真理传授给他们——我们时代的年轻人。

这里定义了一个社会中的大学的理念，我相信它与林赛院长在他所创立的大学中所体现的理念一脉相承。

附　言

本书第三讲的主题是关于历史学从自然科学领域中分离出去的运动，柯林伍德曾在《历史的观念》(*The Idea of History*)中对这场运动进行了综述，该书在其身后才得以出版。这本书在英国学生中曾流行一时(确也应该流行)。我似乎有必要在此引入我个人与柯林伍德产生分歧的一些观点——在对文德尔班、李凯尔特和狄尔泰(Dilthey)等人作品的评价上,我与柯林伍德有分歧,他将他们标榜为历史知识理论(the theory of historical knowledge)中"反实证主义运动"(anti-positivist)的奠基人。

1894年,文德尔班曾在斯德哥堡(Strasburg)发表了一场院长演说,柯林伍德对这场演说给予了尖锐的批评,但他的批评却是基于对文德尔班的某种误解。在该次演讲中,文德尔班的原意并非是把知识作律定知识(nomothetic knowledge)与表意知识(ideographic knowledge)的区分,实际上,他明确地否认了这种界划方式,并断言这两种形式并非一切知识都具有的两个不同的逻辑层级。叔本华认为,史学研究的是那些独一无二的事件,并因此而对史学的科学性提出质疑。对这项指控,文德尔班也没有"令人费解地视而不见"。相反,文德尔班在演讲中指摘了叔本华的说法,所循思路与柯林伍德批判文德尔班的思路如出一辙。这就解释了我对文德尔班的评价与柯林伍德对文德尔班原意的诠释之间存在的差异。我还得指出,柯林伍德对李凯尔特观点的理解也有失精确。在《自然科学概念之境界》(*Die Grenzender natruwissenschaftlichen Begriffsbildung*, 1902)一书中,李凯尔特并未宣称对历史进行评价是史学的正确功能。正好相反,李凯尔特详细阐述了这样的观点:作为一门科学,史学所要做的是辨识历史的行动,它要严格避免评价历史行为的功过。这本著作在1921年和1929年曾先后再版,在这些后来的版本中,他坚持自己的观点,并分别驳斥了特洛尔奇(Troeltsch)和梅尼克(Meinecke)的观点,在当时,后二者正维护着认为史学诠释应包含道德评价的教条。相反,李凯尔特本人认为马克斯·韦伯(Max Webber)的观点继承了自己关于科学应戒绝价值评判的看法。因此,我在书中所参考的恰是特洛尔奇、梅尼克和柯林伍德的言说,而非李凯尔特与韦伯。

柯林伍德认为,狄尔泰是提倡历史学与自然科学脱离的第一人,在这一点上,柯氏甚至把他置于文德尔班和李凯尔特之上,那么我们最后就来谈谈狄尔泰。英国读者都知道，关于狄尔泰，贺吉斯（Hodges）已经做了相当丰富的诠释。狄尔泰的思想是一个庞大的知性体系——包括现象学和存在主义的知性体系——的组成部分，这个体系改变了欧洲大陆的哲学气候。正是在那片新的哲学气候中，格式塔心理学方才诞生，而我自己现在正在开展一些工作，试图将格式塔心理学之功能——这功能在格式塔心理学之哲学根源里已有所昭示——重建为一种关于知识的理论。我所做的许多描述都是关于这次运动的回忆；不过，我想再次重申：这次运动的思想就建立在将自然科学排除于本身范围之外的前提下。

注　释

[1] 与普遍观点不同的是，如果经典力学被量子力学取代，拉普拉斯的困境仍然无从逃避。（参见 *Personal Knowledge*，1958 年版，第 140 页）

译名对照表

a-critical　非批判性
act of comprehension　摄悟活动
Adam Smith　亚当·斯密
appetitive-perceptive　欲望感知
apprehension　摄悟
aspect　景观、面相
behaviorism　行为主义
boundary conditions　边界条件
Boundary Control　边界控制
camouflaged　伪饰
Cartesian doubt　普遍怀疑论
chairvoyance　灵眼
civic liberty　公民自由
coherence　内聚、内聚性
coherent　内聚
comprehend　摄悟
comprehensive　摄悟
comprehensive entity　摄悟整体
comprehensive level　摄悟层级
Confessions　《忏悔录》
Copernicus　哥白尼
Counter-Reformation　反宗教改革
craving for understanding　理解热望
Critique of Pure Reason　《纯粹理性批判》
Dalton　道尔顿
deliberate cult of brultality　兽性崇拜
democratic spirit　民主精神
divergent opinion　歧异意见
dwell in　内居于
dwell within　内居
Edmund Whittaker　惠特克
Einstein　爱因斯坦
emergence　突现
Empiricism　经验主义
Ernst Mach　恩斯特·马赫

explicit knowledge 言传知识
extra-sensory perception 超感官感知
fellowship 同盟境界
fides quaerens intellectum 信仰寻求理解
field of problems 问题场
focal awareness 焦点意知
focal knowledge 焦点知识
Galen 盖仑
general homogeneity 同质性
Gestalt Psychology 格式塔心理学
Heisenberg 海森堡
historiography 史学
hierarchy 层级
historicism 历史相对论
How to Solve It 《如何解决》
indeterminate manifestations 不确定显现
indwelling 内居行动、内居
integrate 整合
integrating powers 整合力
intellectual passion 知性激情
intuition 直觉
involve 嵌入、内嵌
Jean Piaget 让·皮亚杰
Jeans 金斯
joint meaning 接合意义
Köhler 柯勒
La Phenomenologie de la Perception 《知觉现象学》
Laplace 拉普拉斯
level 层级
magic 魔化
Maurice Merleau-Ponty 梅洛-庞蒂
marginal clue 边际线索
marginal element 边际元素
Marx 马克思
Max Webber 马克斯·韦伯
mean 表意
mental map 心灵地图
Michelangelo 米开朗基罗
moral inversion 道德颠倒
Napleon 拿破仑
naturalistic 自然主义的
natural law 自然规律
Newton 牛顿
N. I. Bukharin 布哈林
Niestzsche 尼采
noosphere 精神界
N. R. Hanson 汉森
P. A. M. Dirac 迪拉克
Patterns of Discovery 《发现的模式》
Personal Knowledge 《个人知识》
Plato 柏拉图
Poincare 彭加勒
pointers to the mind 心灵的路标
Polya 波利亚
positivist 实证主义者
pre-verbal 前语言
pseudo-substitution 伪置换

public argument 公众辩论
quantum-mechanics 量子力学
rationalist 理性主义者
reality 实在
recognition of shapes 形态识别
reinterpretation 重释
Rhine 莱因
Rousseau 卢梭
Ryle 赖尔
Science et Methode 《科学与方法》
scientific authority 科学的权威
scientific community 科学共同体
scientific conscience 科学良心
scientific evaluations 科学评价
scientific opinion 科学公断
scientific society 科学社会
scientific validity 科学的正确性
secular intelligence 世俗知性
shaping of percepts 知觉塑形
shapes 塑形
Shrodinger 薛定谔
social contract 社会契约
specific authority 特定权威
St. Augustine 奥古斯丁
Stephen Toulmin 斯蒂芬·图尔明
stratification 实在层系
subsidiarily aware 支援性意识
subsidiary awareness 支援意知
subsidiary knowledge 支援知识
subsidiary pardicular 支援性的细部
symbiosis 共生关系
tacit 意会
tacit coefficient 意会协同
tacit knowing 意会认知
tacit knowledge 意会知识
tacit performance 意会成就
tacit personal coefficient 个人意会协同
T. D. Lysenko 李森科
Teilhard du Chardin 德日达
The Concept of Mind 《心的概念》
the invisible hand 看不见的手
the logic of tacit knowing 意会认知的逻辑
the Republic of Science 科学共和国
The Structure of Scientific Revolutions 《科学革命的结构》
Thomas Kuhn 托马斯·库恩
tolerance 宽容
totalitarian 极权主义
transcendent obligation 超验义务
T. S. Eliot 艾略特
ultimated violence 绝对暴力
universal mind 宇宙心灵
Vesalius 维萨里
vision 视域
Windelband 文德尔班

《当代学术棱镜译丛》
已出书目

媒介文化系列

第二媒介时代 [美]马克·波斯特

电视与社会 [英]尼古拉斯·阿伯克龙比

思想无羁 [美]保罗·莱文森

媒介建构:流行文化中的大众媒介 [美]劳伦斯·格罗斯伯格 等

揣测与媒介:媒介现象学 [德]鲍里斯·格罗伊斯

媒介学宣言 [法]雷吉斯·德布雷

媒介研究批评术语集 [美]W. J. T. 米歇尔 马克·B. N. 汉森

解码广告:广告的意识形态与含义 [英]朱迪斯·威廉森

全球文化系列

认同的空间——全球媒介、电子世界景观与文化边界 [英]戴维·莫利

全球化的文化 [美]弗雷德里克·杰姆逊 三好将夫

全球化与文化 [英]约翰·汤姆林森

后现代转向 [美]斯蒂芬·贝斯特 道格拉斯·科尔纳

文化地理学 [英]迈克·克朗

文化的观念 [英]特瑞·伊格尔顿

主体的退隐 [德]彼得·毕尔格

反"日语论" [日]莲实重彦

酷的征服——商业文化、反主流文化与嬉皮消费主义的兴起 [美]托马斯·弗兰克

超越文化转向 [美]理查德·比尔纳其 等

全球现代性:全球资本主义时代的现代性 [美]阿里夫·德里克

文化政策 [澳]托比·米勒 [美]乔治·尤迪思

通俗文化系列

解读大众文化 [美]约翰·菲斯克

文化理论与通俗文化导论(第二版) [英]约翰·斯道雷

通俗文化、媒介和日常生活中的叙事 [美]阿瑟·阿萨·伯格

文化民粹主义 [英]吉姆·麦克盖根

詹姆斯·邦德:时代精神的特工 [德]维尔纳·格雷夫

消费文化系列

消费社会 [法]让·鲍德里亚

消费文化——20 世纪后期英国男性气质和社会空间 [英]弗兰克·莫特

消费文化 [英]西莉娅·卢瑞

大师精粹系列

麦克卢汉精粹 [加]埃里克·麦克卢汉 弗兰克·秦格龙

卡尔·曼海姆精粹 [德]卡尔·曼海姆

沃勒斯坦精粹 [美]伊曼纽尔·沃勒斯坦

哈贝马斯精粹 [德]尤尔根·哈贝马斯

赫斯精粹 [德]莫泽斯·赫斯

九鬼周造著作精粹 [日]九鬼周造

社会学系列

孤独的人群 [美]大卫·理斯曼

世界风险社会 [德]乌尔里希·贝克

权力精英 [美]查尔斯·赖特·米尔斯

科学的社会用途——写给科学场的临床社会学 [法]皮埃尔·布尔迪厄

文化社会学——浮现中的理论视野 [美]戴安娜·克兰

白领:美国的中产阶级 [美]C. 莱特·米尔斯

论文明、权力与知识 [德]诺贝特·埃利亚斯

解析社会:分析社会学原理 [瑞典]彼得·赫斯特洛姆

局外人:越轨的社会学研究 [美]霍华德·S. 贝克尔

社会的构建 [美]爱德华·希尔斯

新学科系列

后殖民理论——语境 实践 政治 [英]巴特·穆尔-吉尔伯特

趣味社会学 [芬]尤卡·格罗瑙

跨越边界——知识学科 学科互涉 [美]朱丽·汤普森·克莱恩

人文地理学导论:21 世纪的议题 [英]彼得·丹尼尔斯 等

文化学研究导论:理论基础·方法思路·研究视角 [德]安斯加·纽宁 [德]维拉·纽宁主编

世纪学术论争系列

"索卡尔事件"与科学大战 [美]艾伦·索卡尔 [法]雅克·德里达 等

沙滩上的房子 [美]诺里塔·克瑞杰

被困的普罗米修斯 [美]诺曼·列维特

科学知识:一种社会学的分析 [英]巴里·巴恩斯 大卫·布鲁尔 约翰·亨利

实践的冲撞——时间、力量与科学 [美]安德鲁·皮克林

爱因斯坦、历史与其他激情——20 世纪末对科学的反叛 [美]杰拉尔德·霍尔顿

真理的代价:金钱如何影响科学规范 [美]戴维·雷斯尼克

科学的转型:有关"跨时代断裂论题"的争论 [德]艾尔弗拉德·诺德曼 [荷]汉斯·拉德 [德]格雷戈·希尔曼

广松哲学系列

物象化论的构图 [日]广松涉

事的世界观的前哨 [日]广松涉

文献学语境中的《德意志意识形态》 [日]广松涉

存在与意义(第一卷) [日]广松涉

存在与意义(第二卷) [日]广松涉

唯物史观的原像 [日]广松涉

哲学家广松涉的自白式回忆录 [日]广松涉

资本论的哲学 [日]广松涉

马克思主义的哲学 [日]广松涉

世界交互主体的存在结构 [日]广松涉

国外马克思主义与后马克思思潮系列

图绘意识形态 [斯洛文尼亚]斯拉沃热·齐泽克 等

自然的理由——生态学马克思主义研究 [美]詹姆斯·奥康纳

希望的空间 [美]大卫·哈维

甜蜜的暴力——悲剧的观念 [英]特里·伊格尔顿

晚期马克思主义 [美]弗雷德里克·杰姆逊

符号政治经济学批判 [法]让·鲍德里亚

世纪 [法]阿兰·巴迪欧

列宁、黑格尔和西方马克思主义:一种批判性研究 [美]凯文·安德森

列宁主义 [英]尼尔·哈丁

福柯、马克思主义与历史:生产方式与信息方式 [美]马克·波斯特

战后法国的存在主义马克思主义:从萨特到阿尔都塞 [美]马克·波斯特

反映 [德]汉斯·海因茨·霍尔茨

为什么是阿甘本? [英]亚历克斯·默里

未来思想导论:关于马克思和海德格尔 [法]科斯塔斯·阿克塞洛斯

无尽的焦虑之梦:梦的记录(1941—1967) 附《一桩两人共谋的凶杀案》(1985) [法]路易·阿尔都塞

马克思:技术思想家——从人的异化到征服世界 [法]科斯塔斯·阿克塞洛斯

经典补遗系列

卢卡奇早期文选 [匈]格奥尔格·卢卡奇

胡塞尔《几何学的起源》引论 [法]雅克·德里达

黑格尔的幽灵——政治哲学论文集[Ⅰ] [法]路易·阿尔都塞

语言与生命 [法]沙尔·巴依

意识的奥秘 [美]约翰·塞尔

论现象学流派 [法]保罗·利科

脑力劳动与体力劳动:西方历史的认识论 [德]阿尔弗雷德·索恩-雷特尔

黑格尔 [德]马丁·海德格尔

黑格尔的精神现象学 [德]马丁·海德格尔

生产运动:从历史统计学方面论国家和社会的一种新科学的基础的建立 [德]弗里德里希·威廉·舒尔茨

先锋派系列

先锋派散论——现代主义、表现主义和后现代性问题 [英]理查德·墨菲

诗歌的先锋派:博尔赫斯、奥登和布列东团体 [美]贝雷泰·E.斯特朗

情境主义国际系列

日常生活实践 1.实践的艺术 [法]米歇尔·德·塞托

日常生活实践 2.居住与烹饪 [法]米歇尔·德·塞托 吕斯·贾尔 皮埃尔·梅约尔

日常生活的革命 [法]鲁尔·瓦纳格姆

居伊·德波——诗歌革命 [法]樊尚·考夫曼

景观社会 [法]居伊·德波

当代文学理论系列

怎样做理论 [德]沃尔夫冈·伊瑟尔

21 世纪批评述介 [英]朱利安·沃尔弗雷斯

后现代主义诗学:历史·理论·小说 [加]琳达·哈琴

大分野之后:现代主义、大众文化、后现代主义 [美]安德列亚斯·胡伊森

理论的幽灵:文学与常识 [法]安托万·孔帕尼翁

反抗的文化：拒绝表征 [美]贝尔·胡克斯

戏仿：古代、现代与后现代 [英]玛格丽特·A. 罗斯

理论入门 [英]彼得·巴里

现代主义 [英]蒂姆·阿姆斯特朗

叙事的本质 [美]罗伯特·斯科尔斯 詹姆斯·费伦 罗伯特·凯洛格

文学制度 [美]杰弗里·J. 威廉斯

新批评之后 [美]弗兰克·伦特里奇亚

文学批评史：从柏拉图到现在 [美]M. A. R. 哈比布

德国浪漫主义文学理论 [美]恩斯特·贝勒尔

萌在他乡：米勒中国演讲集 [美]J. 希利斯·米勒

文学的类别：文类和模态理论导论 [英]阿拉斯泰尔·福勒

思想絮语：文学批评自选集(1958—2002) [英]弗兰克·克默德

叙事的虚构性：有关历史、文学和理论的论文(1957—2007) [美]海登·怀特

21 世纪的文学批评：理论的复兴 [美]文森特·B. 里奇

核心概念系列

文化 [英]弗雷德·英格利斯

风险 [澳大利亚]狄波拉·勒普顿

学术研究指南系列

美学指南 [美]彼得·基维

文化研究指南 [美]托比·米勒

文化社会学指南 [美]马克·D. 雅各布斯 南希·韦斯·汉拉恩

艺术理论指南 [英]保罗·史密斯 卡罗琳·瓦尔德

《德意志意识形态》与文献学系列

梁赞诺夫版《德意志意识形态·费尔巴哈》 [苏]大卫·鲍里索维奇·梁赞诺夫

《德意志意识形态》与 MEGA 文献研究 [韩]郑文吉

巴加图利亚版《德意志意识形态·费尔巴哈》[俄]巴加图利亚

MEGA:陶伯特版《德意志意识形态·费尔巴哈》[德]英格·陶伯特

当代美学理论系列

今日艺术理论 [美]诺埃尔·卡罗尔

艺术与社会理论——美学中的社会学论争 [英]奥斯汀·哈灵顿

艺术哲学:当代分析美学导论 [美]诺埃尔·卡罗尔

美的六种命名 [美]克里斯平·萨特韦尔

文化的政治及其他 [英]罗杰·斯克鲁顿

当代意大利美学精粹 周 宪 [意]蒂齐亚娜·安迪娜

现代日本学术系列

带你踏上知识之旅 [日]中村雄二郎 山口昌男

反·哲学入门 [日]高桥哲哉

作为事件的阅读 [日]小森阳一

超越民族与历史 [日]小森阳一 高桥哲哉

现代思想史系列

现代主义的先驱:20 世纪思潮里的群英谱 [美]威廉·R. 埃弗德尔

现代哲学简史 [英]罗杰·斯克拉顿

美国人对哲学的逃避:实用主义的谱系 [美]康乃尔·韦斯特

时空文化:1880—1918 [美]斯蒂芬·科恩

视觉文化与艺术史系列

可见的签名 [美]弗雷德里克·詹姆逊

摄影与电影 [英]戴维·卡帕尼

艺术史向导 [意]朱利奥·卡洛·阿尔甘 毛里齐奥·法焦洛

电影的虚拟生命 [美]D. N. 罗德维克

绘画中的世界观 [美]迈耶·夏皮罗

缪斯之艺:泛美学研究 [美]丹尼尔·奥尔布赖特
视觉艺术的现象学 [英]保罗·克劳瑟
总体屏幕:从电影到智能手机 [法]吉尔·利波维茨基
[法]让·塞鲁瓦
艺术史批评术语 [美]罗伯特·S. 纳尔逊 [美]理查德·希夫
设计美学 [加拿大]简·福希
工艺理论:功能和美学表达 [美]霍华德·里萨蒂
艺术并非你想的那样 [美]唐纳德·普雷齐奥西 [美]克莱尔·法拉戈
艺术批评入门:历史、策略与声音 [美]克尔·休斯顿

当代逻辑理论与应用研究系列

重塑实在论:关于因果、目的和心智的精密理论 [美]罗伯特·C. 孔斯
情境与态度 [美]乔恩·巴威斯 约翰·佩里
逻辑与社会:矛盾与可能世界 [美]乔恩·埃尔斯特
指称与意向性 [挪威]奥拉夫·阿斯海姆
说谎者悖论:真与循环 [美]乔恩·巴威斯 约翰·埃切曼迪

波兰尼意会哲学系列

认知与存在:迈克尔·波兰尼文集 [英]迈克尔·波兰尼
科学、信仰与社会 [英]迈克尔·波兰尼

现象学系列

伦理与无限:与菲利普·尼莫的对话 [法]伊曼努尔·列维纳斯

新马克思阅读系列

政治经济学批判:马克思《资本论》导论 [德]米夏埃尔·海因里希

西蒙东思想系列

论技术物的存在模式 [法]吉尔贝·西蒙东

图书在版编目(CIP)数据

科学、信仰与社会 /（英）迈克尔·波兰尼著；王靖华译. —2 版. —南京：南京大学出版社，2020. 1(2024. 6 重印)
（当代学术棱镜译丛 / 张一兵主编）
书名原文：Science，Faith and Society
ISBN 978－7－305－19221－0

Ⅰ. ①科… Ⅱ. ①迈… ②王… Ⅲ. ①科学哲学—研究 Ⅳ. ①N02

中国版本图书馆 CIP 数据核字(2017)第 210290 号

出版发行 南京大学出版社
社 址 南京市汉口路 22 号 邮 编 210093

丛 书 名 当代学术棱镜译丛
书 名 科学、信仰与社会
KEXUE、XINYANG YU SHEHUI
著 者 [英]迈克尔·波兰尼
译 者 王靖华
责任编辑 李廷斌 张 静

照 排 南京南琳图文制作有限公司
印 刷 南京鸿图印务有限公司
开 本 635 mm×965 mm 1/16 开 印张 10.75 字数 148 千
版 次 2020 年 1 月第 2 版 印次 2024 年 6 月第 5 次印刷
ISBN 978－7－305－19221－0
定 价 35.00 元

网址：http://www.njupco.com
官方微博：http://weibo.com/njupco
官方微信号：njupress
销售咨询热线：(025) 83594756